LA GRATUITÉ
NE VAUT PLUS RIEN

DU MÊME AUTEUR

La Révolution des savants
Gallimard, « Découvertes », n° 48, 1988

L'Empire des nombres
Gallimard, « Découvertes », n° 300, 1996

La Mesure du monde / La Méridienne
Robert Laffont, 1997

Le Théorème du perroquet
Éditions du Seuil, 1998
et « Points », n° P785

Génis ou le Bambou parapluie
Éditions du Seuil, 1999

Le Mètre du monde
Éditions du Seuil, 2000

Denis Guedj

LA GRATUITÉ NE VAUT PLUS RIEN

Les chroniques mathématiciennes de *Libération*

Illustrations de Laurent Carnoy

Éditions du Seuil

La première édition de cet ouvrage
a été publiée dans la collection
« Science ouverte »

*Remerciements à
Dominique Leglu et Jean Brette*

TEXTE INTÉGRAL

ISBN 2-02-043802-X
(ISBN 2-02-030423-8, 1re publication)

Des inconnues familières

« … en vue de conserver, dans le domaine de la politique, une impartialité identique à celle dont nous avons l'habitude quand il s'agit de notions mathématiques, j'ai pris grand soin de ne pas tourner en dérision les actions humaines, de ne pas les déplorer ni les maudire, mais de les comprendre… » (Spinoza, *Traité politique*).

CETTE IMPARTIALITÉ que Spinoza croit déceler dans les mathématiques — mais la possèdent-elles vraiment ? — nous-même n'en userons guère. Si être impartial c'est ne pas prendre parti, nous espérons l'être le moins possible, et lorsque nous le serons, ce sera par inadvertance, ou par fatigue de l'esprit. Sartre le dit : l'homme est l'être vis-à-vis de qui aucun être ne peut garder l'impartialité. Mais… « prendre parti contre » n'implique pas, surtout pas, de prendre parti pour la partie adverse. À l'inverse, « prendre parti pour » ne contraint nullement à prendre parti contre le point de vue opposé. Si en pure logique une double négation vaut affirmation, la pensée commune sait être plus subtile et la faire jouer soit comme une négation renforcée, soit, au contraire, comme une négation adoucie qui frise l'affirmation retenue. On ne peut être juge et partie, dit-on. Nous ne sommes pas juge…

Un repas salé

Il s'agissait, je m'en souviens précisément, d'un pot-au-feu, à moins que ce ne soit un bœuf gros sel. En fait, je me souviens surtout du sel. Bref, Dominique Leglu [1] et moi finissions ce plat à la saveur saumâtre, lorsque l'idée, nourrie tout au long du repas, jaillit : aborder l'actualité à partir des mathématiques ! À partir ?

L'exercice proposé devant se pratiquer dans les pages d'un quotidien « grand public », et ce de façon régulière. C'était excitant, c'était inédit, c'était la fin de l'été 94.

Au début de l'automne parut la première chronique. Depuis, un mardi sur deux — avec des trous —, on peut lire les *Chroniques mathématiciennes* dans le cahier *Eurêka* du journal *Libération*.

Une quarantaine déjà !

Quelle intelligence du monde peut-on puiser dans les mathématiques ?

Les mathématiques comme nouvelle façon de penser le monde ? Horreur ! Une mathématisation du monde ? Rhorreur !

Hormis la pratique endogène, utiliser les maths dans le champ mathématique lui-même, que peut-on faire avec elles ? Bien sûr, on peut les « appliquer », c'est-à-dire les injecter dans des champs de connaissances autonomes. Cela a été fait, avec succès, en astronomie ou en physique. C'est ce qu'on s'escrime à vouloir faire dans certains secteurs de l'économie, de la psychologie, ou de la sociologie, par exemple, le plus souvent pour les légitimer ; les maths étant importées là comme « forces de l'ordre », portant la parole d'autorité. « Quand tu coules du ciment dans de la terre meuble, là où tu as coulé du ciment, tu n'as plus de terre meuble », proverbe maçonnique. Dit autrement, quand tu mets du dur dans du mou, le mou se retire, mais il n'en continue pas moins de cerner le dur.

---

1. Dominique Leglu dirige les pages scientifiques de *Libération*. Grâces lui soient rendues d'avoir osé cette proposition, et de m'avoir fourni l'occasion, durable, de la mettre en pratique.

On parle sans cesse de cette utilisation « dure » ; on en oublie une autre, « douce », qui ne conduirait pas à appliquer les mathématiques mais à s'en inspirer, qui « éclairerait » mais n'éblouirait pas. Qui tiendrait plus du flirt que du viol.

Pas les appliquer, mais les impliquer.

« À partir de ». Partir d'un lieu, c'est le quitter et c'est en même temps, pour le voyageur, rester imprégné de ce qu'il a été pour lui. Quelles formes d'intelligence sont à l'œuvre dans les mathématiques qui pourraient furtivement nous rendre plus sensibles aux choses de ce monde ?

La finesse à l'œuvre dans cette discipline et les moyens qu'elle se donne pour comprendre, pour définir et pour prouver, pourquoi s'en priver ? La puissance et l'efficacité dont elles font preuve tiennent en grande partie à leur capacité à tirer des conséquences. Tirer des conséquences, pour pouvoir mieux s'en tirer !

L'étude des différentes stratégies de la preuve à l'œuvre dans les démonstrations est une excellente école de pensée. Ainsi que l'analyse des agencements d'arguments qui tracent un chemin de vérité conduisant de l'hypothèse à la conclusion.

En vérité, je ne vous le dis pas

L'idée qu'il n'y a, en mathématiques, que des vérités « sous condition » est politiquement et philosophiquement inappréciable. Pour certains, ce sera une révélation miraculeuse, pour d'autres, une abomination : tout fout le camp ! plus rien à quoi se raccrocher !

« Ceci est vrai SI… » La nécessité de dire « d'où l'on parle », dans quelle théorie cette affirmation est vraie, oblige à « cadrer » son discours, à faire sauter les « depuis que le monde est monde », « les gens sont ainsi »… Là, on peut le dire, il s'agit effectivement d'une discipline. Les mathématiques obligent à cette rigueur-là. Et c'est une bonne rigueur.

« Sous condition » ne signifiant pas qu'on a affaire à des vérités molles ouvrant la porte à un relativisme tous azimuts, mais à des vérités fortes mais locales. Relativisme qui transpire dans cette exaspérante périphrase qui a envahi le langage : « ME SEMBLE-T-IL ». Chaque assertion émise se devant d'être accompagnée de cette formule censée écarter toute contradiction et favoriser tous les glissements et toutes les équivalences : « Il fait beau ce matin, me semble-t-il. »

Tout ne vaut pas tout, on ne nage pas dans l'approximatif et dans l'équivalence. ON sait des choses, « on est assuré que… », mais pas partout, pas n'importe où.

Dire les mathématiques

Les mathématiques ne sont pas une pure langue, soit, mais elles ont une langue. Eh oui, on s'y exprime ! On y exprime des idées, y énonce des propositions, y formule des questions. Comme en littérature, il y a des « styles » en mathématiques. Mais, ce qui les caractérise, c'est la frénésie avec laquelle elles pourchassent l'ambiguïté. En cela, elles façonnent une langue sans ombres ; les délices de l'équivoque, de la polysémie, de l'amphibologie lui font défaut. Des synonymes, oui ; des homonymes, non.

Elles disposent de substantifs, de verbes, de qualificatifs, qui représentent des objets, des actions et des façons de les effectuer, et aussi des liens entre objets, et des propriétés, d'objets ou de liens. Mais voilà, en mathématiques, entre les mots et les choses, les rapports sont tellement intimes qu'il arrive de se demander où se trouvent les choses que ces mots désignent. Dans quelle réalité ?

Rassurons-nous, il n'y a pas de langue autiste, qui serait sourde aux bruits du monde extérieur et qui, entièrement refermée sur elle-même, ne ferait sens qu'en deçà de ses frontières. Une prison dorée ! Toutes les frontières, heureusement, sont poreuses.

L'une paraphrase, l'autre pas

On ne réécrit pas un poème de Baudelaire, il est dans son expression même, alors qu'on ne cesse de réécrire les mathématiques, de chercher des manières autres de dire la même chose, afin de la rendre autrement compréhensible. On tient là une différence de nature entre elles et la poésie. En poésie, on ne peut jamais redire autrement.

Réécrite aujourd'hui, une démonstration deviendra aisément accessible, alors qu'au moment de sa découverte, seul un quarteron de chercheurs était apte à la saisir. Les mathématiques usent constamment de cette sorte de traduction interne ; on passe son temps à dire « c'est comme ». Elles sont « paraphrasables », dit Roubaud.

Bien que l'on ne cesse de faire appel à l'imaginaire, à l'intuition, à « l'idée qu'on a des choses » — comment pouvoir prétendre le contraire ? ! — on pratique les mathématiques avec les mots eux-mêmes.

Dans toute démonstration n'utilisent-elles pas constamment l'*expolition* : la même information est véhiculée tout au long d'un développement en étant exprimée chaque fois de façon différente ? Ainsi, c'est bien souvent par la prolifération d'expressions équivalentes que les mathématiques produisent du savoir. En cela, elles ont développé une pratique langagière éminemment opératoire.

Pour prouver l'existence d'un objet, par exemple, il n'est nul besoin de « sortir » de la théorie pour aller pêcher un spécimen « en dur » dans un autre univers plus tangible[1], comme c'est le cas en physique. Une preuve interne, établie par la seule cohérence de la théorie, suffit.

1. Sauf pour les mathématiciens de l'école intuitionniste.

Que représentent les mots des mathématiques ?

Les idées que les mathématiciens ont dans la tête et qu'ils tirent d'un peu n'importe où, en particulier du champ mathématique lui-même, ainsi que les concepts qu'ils inventent. Et d'où viennent ces mots ? Ils sont parfois importés de la langue de tous les jours, parfois construits de toutes pièces.

Dans la première catégorie, on trouve ceux dont l'acception mathématique est proche du sens commun : *ensemble*, *convergence*, *suite*, *singularité*, *couple*, *fonction*, *écart*, *invariant*, *voisinage*, *moyenne*, *compact*, *dense*, *adhérence*, *continu*, *nœud*, *flexible*... dont le sens mathématique, strict, délimité et approfondi, sera « légalement » fixé par une définition.

Et il y a ceux dont le sens s'est fait à partir d'un glissement du sens commun : *premier*, *analyse*, *parfait*, *ellipse*, *parabole*, *intégration*, *dérivation*.

On trouve aussi *anneau*, *groupe*, *catégorie*, *matrice*, *idéal*, *moment*, *ellipse*, *parabole*, *injection*, qui n'ont rien à voir avec leurs homonymes de la langue courante. Ce sont de vrais faux amis, qui ont le don de mettre en rage les non-mathématiciens : pourquoi, diable, utiliser *anneau*, si l'anneau mathématique n'a rien d'un anneau de tous les jours, celui d'une chaîne, ou celui que je te passe au doigt !

Dans la deuxième catégorie, il y a les mots fabriqués, comme *topologie*, *homéomorphe*, *trochoïde*, *foncteur*. Et aussi ceux qui petit à petit s'introduisent dans la langue commune : *quadrature, isomorphe, bijection*.

Dire les maths

Pour ne pas avoir compris qu'un cours de maths est aussi un cours de langue, on arrive à des situations ubuesques. Du chinois, de l'hébreu ! Même pas, car ces deux-là au moins sont perçus comme des langues, dont on pourrait apprendre le maniement pour pouvoir s'exprimer. Rien de tel avec les maths.

Voilà des tripotées de jeunes gens qui, durant une bonne dizaine d'années de leur vie, sont forcés d'assister à des séances où l'on parle une langue étrangère… sans même se douter qu'il s'agit d'une langue étrangère. Et cette langue est obligatoire ; c'est par elle qu'ils sont, le plus souvent, sélectionnés. Et l'on voudrait qu'ils en gardassent un bon souvenir !

Dire « je t'aime »

Dans cette langue mathématique, perçue comme code énigmatique, parangon de l'incompréhensible, on exprime pourtant des idées aussi familières que « être le même », « être entre », « être situé de part et d'autre », « être voisin » ; on y parle d'invariance et de stabilité, de continuité, de régularité, de singularité, d'engendrement, de décomposition. On maximise des ensembles de solutions, on résout des problèmes *a minima*, on engendre à moindre coût, on prouve l'existence et l'unicité d'un objet, ce qui permet de dire LE ou LA, et pas seulement *un* ou *une*, etc.

— Oui, mais, peut-on y dire « je t'aime » ?

— On ne le peut pas.

— Je m'en doutais, les choses essentielles lui échappent.

— Ce n'est pas parce qu'on ne peut pas tout dire qu'on doit rester muet.

Les rapports entre langue mathématique et langue vernaculaire, entre pensée mathématique et pensée de tous les jours, sont au cœur de ces chroniques mathématiciennes.

Penser, est-ce un luxe ?

Si, par démocratie, on entend ce mode d'être ensemble dans lequel la souveraineté appartient à la totalité des citoyens, sans distinction de naissance, de fortune ou de capacité, la question se pose : la démocratie est-elle possible sans une intense pratique sociale de la pensée ? C'est Deleuze qui écrit : « Penser suscite l'indifférence générale ; pourtant il n'est pas faux de dire que c'est un exercice dangereux. C'est même quand les dangers deviennent évidents que l'indifférence cesse. » Dangereux ? Parce que « penser, c'est toujours suivre une ligne de sorcière ». Et, quand la frilosité s'abat, les sorcières, on les brûle.

Il n'y a pas à désespérer du présent

« Nous manquons de résistance au présent », dit Deleuze [1]. Il est à tel point colonisé par la lutte pour la survie qu'il tend à ne laisser aucune place à la négativité. Ne serait-il pas tout bonnement en train de devenir un *no (hu)man's land* ? Mais alors, où puiser des forces si le présent n'est qu'un champ de faiblesses, s'il se réduit à une expérience constante d'épreuves qui m'affaiblissent ? Isabelle Stengers répond : « Apprendre à penser, c'est apprendre à résister à un avenir qui se donne comme évident, plausible et normal. Résister à cet avenir dans notre présent, c'est faire le pari que ce présent offre encore matière à résistances qu'il est encore peuplé de pratiques qui restent vivantes » [2].

Faire feu de tout bois

La vision que les sciences portent sur le monde est réductrice, difficile d'en disconvenir. Jean-Marc Lévy-Leblond parle de dissections, distillations, filtrations toujours plus poussées [3]. Malgré le sévère appauvrissement que le traitement scientifique opère sur les choses, quelles armes, néanmoins, les sciences peuvent-elles fournir pour nous aider à penser quelques bribes du monde et aussi pour mieux comprendre notre propre situation individuelle ? Armes de la pensée, conceptuelles, méthodologiques, épistémologiques.

---

1. Gilles Deleuze et Félix Guattari, *Qu'est-ce que la philosophie ?*, Éd. de Minuit, 1991.
2. Isabelle Stengers, *Cosmopolitiques*, La Découverte, 1997.
3. Jean-Marc Lévy-Leblond, *Aux contraires*, Gallimard, 1996.

Dans la pratique des sciences se jouent continuellement, à des degrés divers :

— le recours à l'expérimentation,

— la défiance des apparences,

— une certaine adéquation entre les mots et les choses, entre la théorie et ce dont elle est théorie,

— une mise à l'épreuve des affirmations,

— et, plus encore que la récolte de confirmations, la recherche de contradictions, voire de réfutations, etc.

La mètis. Les ruses de l'intelligence

« Le vertical m'est inaccessible ? Je l'obtiendrai par l'horizontal », déclare le Ionien Thalès face à la pyramide de Chéops, dont les inconcevables dimensions ont été choisies par le pharaon dans le dessein de montrer aux humains à quel point ils sont quantité négligeable. Avec le « petit » mesurer le « grand », avec le « proche » mesurer le « lointain », avec peu produire beaucoup, etc.

Que nous apprend l'histoire des sciences ? Que celles-ci sont faites de ruses. Ruses de l'observateur, ruses de l'expérimentateur, ruses du théoricien. Contourner les difficultés, biaiser, opérer des liens, produire des connivences, revenir sur ses pas, oser fouiller l'infime pour y trouver de quoi expliquer le capital, questionner le détail pour comprendre l'ensemble.

Ici nous nous bornerons aux mathématiques, qui occupent une place singulière dans le vaste champ des sciences. Maniement de la pensée hypothétique, pratique de l'argumentation qui fait preuve. Nous nous attacherons à ces deux dimensions de la pensée mathématique. Et quand l'occasion se présentera, nous nous régalerons des défis qu'elles posent parfois à la pensée : le retournement de la sphère, l'égalité du tout et de la partie, l'existence d'une courbe passant par tous les points d'un carré, etc.

La pensée hypothétique

Aujourd'hui, plus encore que par le passé, on assiste au déchaînement de la *pensée-gestion*. Suite d'affirmations assurées :

1º Il est vrai que ceci est.

2º Il est nécessaire d'en tirer les conséquences.

3º Il est capital que ces conséquences, tirées du RÉEL, soient considérées comme les seules valides. En dehors d'elles, chimères et délires !

Traire ce qui est pour nourrir « l'état des choses » et le faire perdurer, voilà le traitement que les gestionnaires de l'ÉTANT infligent au monde.

Qui ne reconnaît là la pensée technocratique ? Et, de plus en plus fréquemment, celle des politiques qui les singent. Qu'avancent ces « réalistes » ? Les choses sont ce qu'elles sont, on n'y peut rien. Il faut en tenir compte. Et ils en tiennent les comptes mêmes ! Il n'y a même que cela qui compte. Ils gèrent le monde en l'état.

Nous disposons, heureusement, d'un autre type de pensée, la pensée hypothétique ou conditionnelle : « Si…, alors… » C'est le « si » des enfants : si j'étais ceci…. Qui interdit qu'il ne soit également celui des parents ? Il fonctionne comme une machine à tisser des liens « en puissance », si ceci est, alors cela sera. Des liens en puissance et pas virtuels. Dès que, par l'esprit, la liaison entre ceci et cela est établie, un choix se présente. Ou bien porter son regard vers l'amont, en questionnant le « ceci », ou bien vers l'aval, en questionnant son désir sur le « cela ».

Scénario 1. Si ceci est, alors cela sera. Or ceci n'est pas. Fin de l'Histoire. Tout le pouvoir au réel de l'ici et maintenant. *Co(g)itus interruptus !* Payer pour pouvoir jouer. Le plus souvent, c'est payer et ne pas jouer. Parole d'autorité. Commencez par prouver vos prémisses, ensuite on discutera. Alors que, justement, toute la question est de discuter. Et des prémisses et du lien qu'elles entretiennent avec leurs conséquences.

Scénario 2. Si ceci est, alors cela sera. Or je veux que cela soit. Mais ceci n'est pas. Quoi faire alors pour que ceci soit ? Me voici devenu stratège ! Stratège en chambre qui ne demande qu'à un petit courant d'air de lui mettre le nez dehors. Ma pensée, mon désir, le monde, mon action. Il ne faut pas croire ce qu'on nous raconte, souvent le conditionnel mène au futur.

À l'hypothétique et au conditionnel, la liberté de pensée doit beaucoup. Se sentir le droit de faire des hypothèses. Cela n'a l'air de rien mais c'est une satanée liberté dans la tête que d'imaginer faire vivre quelque chose sans avoir d'abord à prouver son existence. C'est ne pas payer pour voir.

Faire agir une assertion dans ses conséquences, sans être contraint de prouver qu'elle est vraie, permet de se libérer, pour un moment, de ce qui est. Imaginer ce qui n'est pas dans le but de le faire être, ou pas, c'est, si l'on peut dire, prendre en main sa pensée.

Il ne s'agit pas de l'omnipuissance du démiurge, à qui il suffirait de penser ce qui n'est pas pour le faire être, mais du pouvoir assumé d'un citoyen penseur-acteur qui n'est pas épinglé au réel comme un papillon l'est par l'aiguille qui l'immobilise, ailes déployées, à un bouchon.

Seule une pensée (un peu) libérée de la dictature de « l'état des choses » peut s'opposer à la pensée-gestion. N'être plus plombé par le Réel, tout en ne le niant pas, permet de l'anticiper et procure quelques moyens de le faire être autrement qu'il s'apprête à être, et qu'il sera si je ne m'en mêle pas. Il s'agit d'une *pensée cré-action*, qui crée les conditions de l'action et, dans certains cas, mène l'action.

Défendre son opinion. La pratique de l'argumentation

Je pense ceci, je pense cela ; j'ai des opinions. Si je ne peux argumenter, prouver, déduire, faire des hypothèses, les tester, si, face à toi, je ne peux défendre mon opinion, si je n'ai pas les mots pour la dire et les concepts pour la penser et le raisonnement pour l'étayer, ou bien je te casse la tête, ou bien, muet et impuissant, je te laisse encore une fois l'emporter sur moi. Et je perds un peu plus de ma liberté.

La pratique de l'argumentation n'empêche pas le recours à la violence ; elle permet qu'on n'y soit pas contraint.

Optimiste ? Nous le sommes. Car les progrès accomplis sont tels que nous sommes, peut-être, arrivés à ce moment de l'Histoire où l'on va pouvoir répondre à la question : y a-t-il une vie avant la mort ?

0 La gratuité ne vaut plus rien

Campagne de publicité lancée par une chaîne de magasins de la grande distribution.

JE MARCHAIS BENOÎTEMENT dans les rues de la ville quand mon regard fut happé par ces mots haut perchés :

TOUT CE QUI A UN PRIX PEUT ÊTRE VENDU MOINS CHER.

Je restai coi, cloué sur le trottoir, bousculé par des passants insensibles à mon émoi. Quel était le penseur qui avait inscrit ces mots sur les murs de notre cité ? La chaîne de magasins Leclerc ! Slogan ou théorème ? Je me précipite dans l'un des centres de ladite chaîne pour vivre en direct la publicité. Une expérience extrême.

Là-bas, sur un rayon, j'aperçois, comme offerte, une marchandise M. Elle a un prix « x_1 » marqué dessus. Ouf ! Sur le papier de mes commissions, je note $p(\mathrm{M}) = x_1$. Je jette M dans un caddie et m'avance pour payer, quand sur moi fondent les mots du slogan. Ils me somment d'appliquer le principe affirmé dans la publicité. La marchandise M a un prix. Elle peut donc être vendue moins cher ! Disons, à un prix x_2. Dans mon caddie, sous mes yeux, par la seule force des mots, mon M vient incontinent de baisser de prix : $p(\mathrm{M}) = x_2$, avec $x_2 < x_1$. Ébranlé tout de même, je fais un pas de plus vers la caisse ; mais les mots de l'affiche, sauvagement, reviennent à la charge. Ce nouveau prix de M, x_2, est un prix ; un prix comme un autre. À ce titre, M peut être vendu moins cher que x_2. Disons x_3. Et rebelote. Chaque pas vers la caisse donnait naissance à un prix inférieur au précédent. Et la caisse était loin encore ; c'est que j'étais dans une très grande surface.

Sur le papier des commissions, les x se suivaient et ne se ressemblaient pas :

$$\ldots < x_5 < x_4 < x_3 < x_2 < x_1.$$

Mais où cela s'arrêtera-t-il ? Cela s'arrêtera-t-il, seulement ?

« Moins cher » est une *relation d'ordre stricte* définie dans l'ensemble des prix. Chaque prix, du seul fait qu'il s'affichait, en produisait un nouveau, strictement inférieur. J'avais la boulue !

Et tous ces x étaient positifs. Sur le papier des commissions, les prix successifs de M formaient une *suite numérique positive strictement décroissante*, nom attribué à ce type d'objets dans l'univers mathématique. De telles suites admettent toujours une limite, au sens où leurs termes se rapprochent d'aussi près que l'on veut d'un certain nombre, qui est cette *limite* même.

La suite des prix de ma marchandise M avait donc une limite ; les mathématiques me l'assuraient. Quelle était-elle ? J'allais enfin savoir combien j'aurais à payer. Cela devenait de plus en plus urgent, je me rapprochais de la caisse, tripotant nerveusement mon porte-monnaie. Là, je dus faire un effort. La machine affichait les prix au centime près et ces prix devaient être inférieurs à x_1 ; il n'y avait donc qu'un nombre fini de prix possibles (autant que de nombres décimaux avec deux décimales, inférieurs à x_1).

J'avais la solution ! Au milieu d'une émoustillante musique d'ambiance, je pouvais clamer mes certitudes : la suite des x tend vers 0 ET l'atteint !

Il existait donc un entier n tel que x_n était égal à 0. Pourvu que j'atteigne cet entier avant l'heure de la fermeture ! La marchandise M qui s'étalait dans mon caddie valait zéro franc ! Ni plus, ni moins. Et ceci parce qu'il n'y avait pas une infinité de prix possibles.

Mais il n'y avait pas que M à être dans ce cas ; les mots de la pub résonnèrent dans mes oreilles : « TOUT ce qui a un prix… » Ainsi toutes les marchandises exposées ici ne valaient rien ! Sur les murs de nos cités, au nez et à la barbe de chacun de nous, un redoutable slogan anticapitaliste était affiché par les soins d'un grand de la distribution : TOUT CE QUI A UN PRIX NE VAUT RIEN.

N.B. Suivant la règle logique qui édicte que si A entraîne B, alors le contraire de B entraîne le contraire de A, je déduisais, en faisant la queue, que puisque « tout ce qui a un prix ne vaut rien », alors « tout qui ne vaut pas rien, c'est-à-dire tout ce qui vaut, n'a pas de prix ». Acculé, je ne pus que conclure : la marchandise n'a rien à voir avec la valeur !

Enrichi par les bonnes affaires que j'avais failli faire chez Leclerc, et rentrant dans mes pénates, mon cabas plein d'optimisme, j'empruntai le métro. Et voilà que, dans les couloirs déserts, s'affichant au milieu d'un panneau illuminé, une phrase kidnappa mon regard : TOUT CE QUI N'A PAS DE PRIX EST GRATUIT. Une publicité encore ; de quel magasin ? Ce n'était pas un magasin, c'était le musée du Louvre. Sous la phrase, en médaillon : *Vénus et les Grâces*. Détail de Botticelli. Marchandises terrestres, marchandises célestes !

Voilà la marchandise piégée par la finitude. Dans le monde qu'elle a contribué à clore et dont elle a éjecté l'infinitude, la publicité l'affirme, les choses ne valent plus rien. La gratuité ne peut être vendue !

1 Vos frontières m'intéressent

De la division des tâches au partage des rôles

27 SEPTEMBRE 1994. — *Tout a (re)commencé quand, en 1991, la Yougoslavie, celle de Tito, a éclaté. Au cours de l'année 1994, la Communauté européenne, les États-Unis et la CEI se sont mis d'accord pour une division de la Serbie : aux Musulmans et aux Croates réunis 51% du territoire, aux Serbes les 49% restants. Mais où passeront les frontières ? On sait ce que coûta ce partage.*

> « Nous reconnaissons que, quelle que soit l'exiguïté du pays qu'il habite, tout peuple est absolument maître chez lui, qu'il est égal en droit au plus grand et que nul autre ne peut légitimement attenter à son indépendance, à moins que la sienne propre se trouve visiblement compromise » (Lazare Carnot).

PAGES INTERNATIONALES des journaux : « Une partie des observateurs considère que la partition du territoire de la Bosnie-Herzégovine est lourde de conflits à venir. » Pages nationales : « Ce n'est qu'en refusant la division que la majorité gagnera les élections. »

Partition, division, partage, trois termes qui disent comment avec de l'un on fait du multiple. Trois termes que l'on confond souvent et entre lesquels se jouent de subtiles différences. Différences que la science mathématique s'est attachée à prendre en compte.

Constitution-démantèlement des empires, républiques « unes et indivisibles », unité italienne, unité allemande, Cavour, Bismarck. L'Algérie, un temps incluse — contre son gré — dans la France, s'en est séparée ; le Québec veut s'extraire du Canada, et le Liban est en train de devenir terre syrienne. Du tout à la partie, de la partie au tout, l'Histoire est rythmée par ce balancement. Aujourd'hui, les différences sont gommées au profit des ressemblances ; demain, elles seront chantées et mises en avant comme source d'identité.

Vos frontières m'intéressent

La feuille de papier est posée bien à plat. Vous tracez une courbe fermée ; elle enclôt une surface. Vues par un cartographe, l'une est une frontière, l'autre, un territoire. Subitement vous prend l'envie de partager ce territoire en plusieurs pays. Et, afin que cela soit plus excitant, vous vous offrez une contrainte : chaque pays devra posséder une frontière avec chacun des autres. Avec trois, vous y parvenez. Après quelques essais, avec quatre vous y parvenez également.

Et avec cinq ? Cela ne marche pas ; suant et irrité, après d'innombrables essais infructueux vous craquez. Il vous manque toujours une frontière. Vous essayez avec six, juste pour voir ; vous y arrivez encore moins. Vous n'êtes pas le premier à qui la chose arrive. Beaucoup avant vous s'y sont essayés, et, pour vous réconforter, sachez que tous s'y sont cassé le nez.

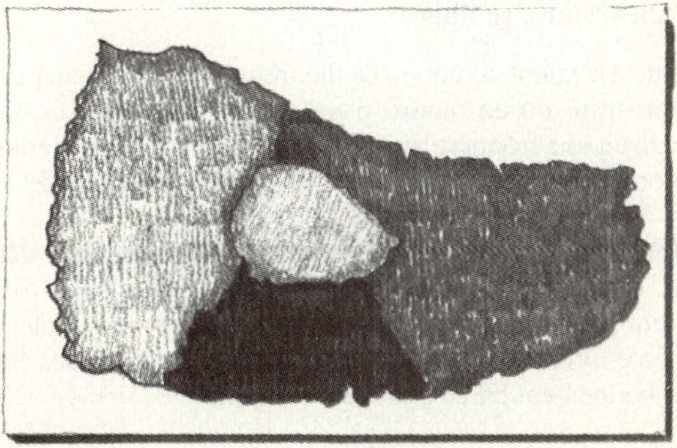

Mais il y a plus qualifié que vous. Dans les années 20, par exemple, diplomates, stratèges, généraux, hommes politiques ont tenté l'exercice dans les Balkans. Ils n'y sont pas parvenus, mais leurs efforts ont été si louables qu'on a créé un substantif, la « balkanisation » : morcellement qui maximise la possibilité de conflits en multipliant les frontières. Le territoire fut partagé en cinq pays : Bosnie, Croatie, Serbie, Monténégro, Macédoine. Dix frontières possibles, donc. Dieu sait s'ils ont charcuté les cartes. Voyons le résultat :

Bosnie-Macédoine,
Bosnie-Croatie,
Bosnie-Serbie,
Bosnie-Monténégro,
Serbie-Croatie,
Serbie-Macédoine,
Macédoine-Monténégro.

Sept ! Un exploit. Certes. Mais un échec tout de même. Il manque trois frontières : Croatie-Macédoine, Croatie-Monténégro et Serbie-Monténégro. Ils ont ajouté la Voïvodine, échec ! Puis le Kosovo, échec encore ! Alors ?

Les théorèmes, ça libère

Que n'avaient-ils connu ce théorème : « On ne peut partager un territoire qu'en quatre pays au maximum de façon que chacun ait une frontière avec chaque autre. » Peut-être auraient-ils alors partagé le territoire en quatre pays seulement. Et le sort de la Yougoslavie en eût été modifié.

C'est cela, les théorèmes ; parfois ils affirment (en le démontrant) que quelque chose est impossible. Ce faisant, ils vous libèrent pour la suite des temps d'avoir à le tenter. Vous comprenez enfin pourquoi toutes vos tentatives ont été des échecs. Tout bonnement parce que c'était impossible !

À l'impossible nul n'est tenu

Ce théorème sur le partage d'une surface soumis à ce genre de contrainte ne parle pas de vous, mais de l'espace. Il ne révèle pas votre impuissance ni la défaillance de vos moyens, il dit la limite que le monde pose à vos efforts. Le monde en question ici est celui de la topologie. Vos échecs ne vous sont pas imputables, vous avez un non-lieu ; le responsable est désigné : l'espace géométrique, que ce soit le plan ou la sphère.

Libéré d'avoir à tenter l'impossible, vous pouvez à présent investir votre énergie ailleurs. Est-ce à dire que tous vos efforts ont été inutiles parce que vains ? L'histoire des mathématiques est riche d'exemples contraires. Combien de tentatives pour résoudre un problème finalement reconnu comme impossible ont permis de faire de splendides découvertes ! La *quadrature du cercle*, tentative reconnue comme impossible plus de vingt-deux siècles après que le problème a été posé, offre un somptueux parcours de connaissances.

À force de vous exaspérer, cette solution qui vous échappe sans cesse — et pour cause : elle n'existe pas — vous pousse dans des lieux que vous n'auriez peut-être pas hantés si vous n'aviez eu à résoudre que des problèmes solubles.

Partager n'est pas diviser

Qu'est-ce qu'un partage ? En géométrie, on dit *partition*. C'est un découpage en morceaux, tel que la réunion de tous les morceaux recompose le tout, et que deux morceaux quelconques ne se recoupent pas (soient disjoints). On peut partager un tout de plusieurs façons.

Et en arithmétique ? (4, 1) est un partage du nombre 5 ; il y a aussi (3, 2). Et pour le nombre 6, il y a (4, 2) ou (5, 1) ou (3, 3). Parmi tous les partages, il y en a un — qui n'existe pas toujours — dans lequel toutes les parties sont égales. Ce partage c'est la *division*. Diviser 6 par 2, c'est le partager en 2 parties égales

(3, 3). Alors, et alors seulement, on peut parler de *moitié*. 3 est la moitié de 6, et dire « deux moitiés égales » c'est proférer une tautologie.

Comme le dit le sens commun, la division est *le seul partage égalitaire*. Mais le partage égalitaire n'est pas forcément un partage équitable. L'équité a à voir avec la justice, l'égalité avec bien autre chose. Il y a des inégalités équitables et des égalités injustes.

Quel serait le partage équitable du territoire bosniaque en trois parties ? La division ? Trois communautés, un tiers chacune ?

Pour moi, tout, pour toi, rien

Soit un tout, butin, trésor, territoire, etc., à partager entre deux. Une voix s'élève : « Pour toi, rien, pour moi, tout. » Inacceptable, proteste-t-on, ce n'est pas un partage ! À voir ? Un seul moyen, le recours à la définition. 1º Tout réuni à rien donne tout. 2º Le recoupement de tout et de rien, c'est rien ? Ton rien et mon tout, c'est peu dire qu'ils ne se recoupent pas ! Horrifiés, nous nous apercevons que plus haut nous avions oublié le partage (5, 0). Le partage « moi tout, toi rien » est une authentique partition mathématique. Est-ce cela que l'on appelle l'humour des mathématiciens ?

2 Aux grands nombres, l'infini reconnaissant

11 OCTOBRE 1994. — *Le Caire : la Conférence internationale sur la population et le développement vient de terminer ses travaux. Le Vatican, l'Irak, l'Arabie Saoudite et le Soudan ont boycotté cette « tribune en faveur de l'avortement »... Les 15 000 participants, coupables de proxénétisme par intention, ont été menacés de mort par les islamistes radicaux égyptiens.*

> « Et vraiment j'aperçois maintenant, après vous avoir entretenu de cette science des nombres, combien elle est belle et utile à maints égards pour notre dessein quand on s'en occupe pour la connaître et non pour en trafiquer » (Platon, *La République*).

D'ICI À L'AN 2000, nous serons 5 milliards. Et en 2010 ? Va savoir ! Certains démographes affirment que nous pourrions être plus encore. Quoi qu'il en soit, broutilles face au poids du Soleil exprimé en kilogrammes : 2 suivi de 30 zéros (2×10^{30}) ! Et le must, le nombre d'atomes dans l'univers observable ces derniers temps, quelque chose comme 1 suivi de 79 zéros (10^{79}) ! L'avenir est aux grands nombres.

Toujours un peu plus. Jouissance et suffocation

Mille de mille de mille de mille de cent de mille de... Qui n'a pas vécu, enfant, l'ivresse de psalmodier avec entêtement les mille et les cents jusqu'à en perdre la respiration. Dès qu'on a l'âge de se lancer dans ces jeux dangereux, on sait dès le début que, où que l'on s'arrête, on pourra toujours aller plus loin. C'est insupportable et délicieux. On jouit. Parce qu'on ne peut pas s'arrêter, parce qu'on ne peut plus continuer, parce qu'il faut s'arrêter. On s'arrête parce qu'on sait qu'on va tout de suite recommencer. C'est de la gloutonnerie, on a des nombres plein la bouche. Plein, plein, plein.... On suffoque. C'est bon.

J'en ai vu combien qui sont partis pleins d'allant et qui ne sont jamais arrivés au bout du nombre qu'ils avaient en tête. Et qui sont revenus « pleins d'usage et raison (sur)vivre entre les parents le reste de leur âge ».

Pour exprimer la multitude, la langue fourmille de substantifs : foule, armada, légion, flopée, tapée, kyrielle, nuée ; de verbes : pulluler, grouiller, etc.

Le regard du nombre

Vous avez dit « beaucoup » ? Oui, mais combien ? Non seulement combien de chèvres dans MON troupeau, mais aussi combien d'étoiles dans NOTRE ciel et de jours depuis le commencement des temps ?

« Combien ? » Pour pouvoir répondre à cette question, les hommes ont créé les nombres ; ils ont construit des systèmes de numération, qui sont les langues de la quantité. Chaque civilisation a eu le(s) sien(s), Babyloniens, Égyptiens, Hébreux, Grecs, Romains, Arabes, Chinois, Indiens, Mayas...

Qu'est-ce que « deux », au fait ? C'est ce qui reste quand on a coupé les ailes à « deux ailes ». Comme vous voyez, le nombre pur est une abstraction. L'absolue originalité du regard que le nombre porte sur le monde est qu'à ses yeux tous les objets sont « les mêmes », à ceci près qu'ils ne sont pas LE MÊME. Sans cela il n'y aurait qu'un seul objet au monde. Comment « nombrer » une collection, un tas, un amoncellement ? Simple. En ne prenant en compte pour chaque objet que son existence et en considérant que toutes les existences se valent et valent un. C'est ainsi qu'une mise ensemble fait nombre.

« À l'univers, les grands nombres reconnaissants. » Compter le sable de l'univers

« Joseph emmagasina le blé comme le sable de la mer en telle quantité qu'on renonça à en faire le compte car il n'y avait plus de nombres », est-il écrit dans la Genèse. Qu'est-ce que je lis là ? Que le peuple élu de Dieu était en panne de nombres ! Avoir Dieu avec soi et manquer de nombres, il faut le faire ! Mais est-ce si grave ? Qu'est-ce qui « vaut » mieux pour Joseph ? Avoir des nombres en-veux-tu-en-voilà et pas de grains à moudre ? Ou avoir des grains plus qu'à satiété, et pas de nombres pour en faire le compte ? Le compte pour quoi, à propos ?

« Comme le sable de la mer... » S'il en est un que cela n'aurait pas effrayé, c'est le grand Archimède qui, du côté de Syracuse dans les années 250 avant notre ère, s'était mis en tête de compter tous les grains de sable que pouvait contenir l'univers, c'est-à-dire à l'époque la sphère étoilée. Il a rapporté ce prodige logistique dans un petit traité, *L'Arénaire*, le comptage du sable. Archimède montre que le système de notation qu'il a bâti lui permet de noter le nombre de grains de sable de l'univers.

Pour calculer ce dernier, il procède par étapes. Que choisit-il comme intermédiaire entre l'univers et le grain de sable ? Je vous le donne en mille, une graine de pavot ! Le résultat tombe : le nombre de grains de sable qui rempliraient la sphère étoilée ne dépasserait pas 10 puissance 63, un 1 suivi de 63 zéros ! Une broutille.

Le prodigieux système d'Archimède, pourtant, avait une faille, il butait. Comme presque toutes les numérations qui l'avaient précédé ; plus ou moins près, plus ou moins loin, ça butait. Sur quoi ? Sur le dernier nombre. Toutes ces numérations ont un dernier nombre ; là est leur faiblesse. Ce dernier nombre, elles peuvent toujours le repousser, en ajoutant un nouveau signe, c'est-à-dire un nouveau chiffre, qui leur permettra d'aller plus loin. Plus loin certes, mais pas plus loin que le nouveau dernier nombre par ce biais produit. La machine insatiable demande toujours plus de signes pour représenter toujours plus de nombres. Jusqu'à ce que les Indiens…

Le somptueux cadeau des Indiens

C'est, dit-on, en 773 qu'une ambassade indienne arriva à Bagdad avec des présents pour le calife Al-Mançour. Parmi eux, un trésor : dix petits signes ! 1, 2, 3, 4, 5, 6, 7, 8, 9, 0. Le dernier surtout, le zéro. Et la façon de s'en servir.

Les Arabes les nommèrent *figures indiennes* et commencèrent à s'en servir. Puis, à leur tour, ils les rapportèrent dans leurs bagages jusqu'en Espagne. D'où ils passèrent dans l'Occident chrétien, qui mit presque un demi-millénaire avant de s'en servir vraiment. On les avait entre-temps nommés *chiffres arabes*. Exemple s'il en est que, depuis belle lurette, c'est l'Occident qui, pour l'univers entier, donne leur nom aux choses.

Somptueux cadeau que les Indiens faisaient à l'humanité : grâce à ces chiffres, les hommes ne seront plus jamais en panne de nombres !

Dorénavant, il n'y aurait plus de « dernier nombre » (ni d'avant-dernier, ni d'avant-avant-dernier…). Dix signes pour pouvoir représenter TOUS les nombres du monde ! L'infinité des nombres avait trouvé la langue pour se dire.

Où résidait la force de ce système que l'on nomme *numération de position avec un zéro* ? « De position », parce que, comme bien souvent dans la vie, la valeur dépend de la position où l'on se trouve. Ici, la valeur d'un chiffre varie en fonction de la position où il se trouve dans l'écriture du nombre. Le premier 1 de 11 vaut dix, alors que le second ne vaut qu'un.

Que faire avec les nombres ? D'abord les représenter. Pas uniquement pour les identifier mais pour pouvoir faire avec. Compter, énumérer, comparer (pouvoir dire « plus grand », « plus petit »), calculer (additionner, multiplier, etc.). À présent, n'importe quel nombre, aussi grand soit-il, même s'il n'y a pas de mots pour le nommer, je pourrai l'écrire. Et, pouvant l'écrire, je pourrai CALCULER. Jusqu'alors on calculait à l'aide d'abaques ou de bouliers ; avec les chiffres indiens, on allait calculer directement avec le nom lui-même. Le calcul par écrit pouvait enfin commencer. C'est cela, « poser » une opération. L'écriture n'était plus seulement représentative, elle devenait opératoire. Une révolution !

Le nombre de nombres

La gestion des nombres, c'est le domaine de l'arithmétique, la science des nombres, la reine des mathématiques. Chaque nombre a un successeur, qui est plus grand que lui. C'est pour cela que les nombres sont… innombrables. Combien y en a-t-il ? Cordonnier, toujours le plus mal chaussé ! Il n'existe aucun nombre entier qui soit le nombre de nombres entiers ! Pour le construire, il faut aller au-delà du fini, il faut définir l'infini. Ce fut la tâche du mathématicien Georg Cantor, mais c'est une autre histoire. Pour l'heure, combien de bébés sont nés depuis que j'ai commencé à écrire cette chronique ? Et dans ce laps de temps, combien ont fini leur course. Solde ?

3 Les grands ensembles… et les petits, entre eux

25 OCTOBRE 1994. — *SAMU urbanistique : « C'est dans un bel ensemble que les dix tours de la cité des Minguettes, à Vénissieux, se sont effondrées suivant le plan soigneusement établi par les artificiers. » 800 kilos d'explosif répartis en 600 charges auront suffi.*

> « Travaille, médite surtout, condense ta pensée, tu sais que les beaux fragments ne font rien ; l'unité, l'unité, tout est là. L'ensemble, voilà ce qui manque à tous ceux d'aujourd'hui, aux grands, comme aux petits » (Flaubert).

RÉGULIÈREMENT, de Mantes à La Courneuve, on purge les grands ensembles de leurs tours les plus « destroy ». Elles étaient malheureusement visibles de partout ; de partout on pourra les voir s'effondrer. Cela fera de belles images à la TV. Surtout au ralenti. Jamais elles n'auront été plus belles que dans la grâce de leur effondrement. Un instant, le ciel fut occulté par des nuages de poussière ; un instant, on rêva à la disparition des dinosaures.

Il y a « être ensemble », « coucher ensemble », et il y a « l'ensemble des citoyens ». Dans le vocabulaire des beaux-arts, *ensemble* est la « qualité d'un tout dont les parties sont harmonieusement unies », et aussi une « unité tenant à l'équilibre et à l'heureuse proportion des éléments ». Selon l'*Encyclopédie* de Diderot, on parle d'ensemble lorsque « toutes les parties d'un bâtiment, étant proportionnées les unes avec les autres, forment un beau tout ». Si l'on suit ces définitions, dans l'expression « grands ensembles », du qualificatif ou du substantif, l'un des deux est manifestement incorrect. Lequel ?

Architecture ensembliste

Ce que les bâtisseurs n'avaient pas prévu, ou trop bien, c'est que mettre des gens dans un ensemble ne les fait pas « être ensemble ». Peut-être même est-ce interdire qu'ils puissent l'être. Ces grammairiens analphabètes, il serait juteux de les condamner à recopier mille et une fois sur les façades de leurs brouillons architecturaux : « Un substantif n'est pas un adverbe. »

Réduire une multiplicité en une unité

Que fait-on quand il y a par-ci par-là des choses dispersées, qui nous gênent aux entournures ? On les rassemble et on les met dans un même sac et après on dit : LE sac. D'une multiplicité éparse, on vient de faire une unité contenue.

À la fin du siècle dernier, le mathématicien Georg Cantor posa une définition : « Par un "ensemble", j'entends toute multiplicité qui peut être pensée comme une unité. » Cette phrase fondait la théorie qui, il y a quelques années, dans toutes les écoles de la République, abattit les élèves, terrifia les maîtres et déconsidéra définitivement les parents aux yeux de leurs enfants, en révélant leur incapacité à résoudre les nouveaux problèmes rapportés à la maison. *Théorie des ensembles.* Un typhon traversa les salles de cours. Ce fut le temps des maths modernes où les Petits Princes des préaux demandaient à leurs instits tombés des nues : « Dessine-moi un ensemble. » Et les tableaux noirs de se couvrir de « patates », censées représenter ces nouveaux êtres mathématiques.

La théorie de l'appartenance. À voile et à vapeur

La théorie des ensembles est, mathématiquement parlant, la théorie de l'appartenance, celle du signe « appartient » : « ∈ ».

Quiconque écrit $a \in b$ veut signifier que « *a* appartient à *b* » ; ce faisant, il définit *a* comme *un élément* de *l'ensemble b*. Lequel *b* peut à son tour être un élément de *c* : $b \in c$, tandis qu'il n'est pas interdit à *a* d'entretenir avec un certain *d* une relation qui ferait de ce dernier un de ses éléments : $d \in a$. Tout cela pour dire que, dans la théorie des ensembles, il n'y a pas d'un côté les éléments et de l'autre les ensembles ; il n'y a que des relations duelles d'appartenance ou de non-appartenance.

Mais il s'agit d'une appartenance passive : les éléments sont « appartenus » par l'ensemble. Vous avez dit : « à part tenus » ?

Regard de l'ensemble, regard de myope

En théorie des ensembles, on ne peut distinguer deux éléments autrement que par le fait qu'ils ne sont pas LE MÊME et en même temps ils sont tous LES MÊMES. Regard de myope porté sur le monde, qui ne confond pas les choses mais qui ne les RECONNAÎT pas pour autant. Dans la perception ensembliste, rien ne te distingue de moi, hormis le fait que tu n'es pas moi. Eh oui, « je » n'est pas un autre !

La nécessité d'avoir à distinguer les éléments les uns des autres n'implique pas une identification de la nature de leur différence, mais seulement une prise en compte de son existence : on sait qu'ils sont différents, mais on ne sait pas en quoi ils le sont. Une précaution néanmoins, s'assurer seulement que sous deux noms différents ne se cache pas le même objet.

Jouant le même rôle quant à l'appartenance, les éléments sont interchangeables. La seule chose que crée leur mise ensemble, c'est de la quantité. C'est d'ailleurs parce qu'ils ne sont pas « le même » qu'ils produisent une multiplicité. Ils ne font pas nombre ensemble, c'est l'ensemble qui, dans son unité, fait nombre, il est UNE multiplicité.

Être ou ne pas être dans l'ensemble

Comment, en mathématiques, définit-on un ensemble ? En posant à l'univers entier une question shakespearienne : « Être ou ne pas être dans l'ensemble. » Définir un ensemble X, c'est être capable, quel que soit un objet de l'univers, de répondre si, oui ou non, il appartient à X. La définition d'un ensemble opère une découpe de l'univers : d'un côté, ce qui appartient à l'ensemble ; de l'autre, ce qui ne lui appartient pas. Soit un objet A aspirant à être un ensemble. On le passe à la question ; s'il se trouve un seul objet de l'univers x pour lequel on ne peut répondre « x appartient à A » ou « x n'appartient pas à A », alors A n'est pas un ensemble !

Et ça existe des choses qui ne seraient pas des ensembles ? Oui. Le Grand Tout, l'ensemble de tous les ensembles, n'est pas un ensemble. Et le Petit Rien ? C'est un ensemble, l'« ensemble vide » ; il est défini ainsi : quel que soit un objet de l'univers, il n'appartient pas à l'ensemble vide.

Les « grands ensembles » sont, en tant qu'ensembles d'humains, de purs ensembles mathématiques. « Être ou ne pas être dans le grand ensemble ? », c'est justement la question. Pour tous les objets de l'univers on peut répondre : « Oui, il appartient ; non, il n'appartient pas. » Tel y habite, tel autre n'y habite pas. Exemple, l'architecte qui a dressé les plans du grand ensemble habite-t-il le grand ensemble ? La réponse est non. Idem pour le promoteur, le député de la circonscription, le chef du service d'urbanisme : non, non, non.

Les grands ensemble, et les petits, entre eux !

Oui, mais, les petits, dans les grands ensembles, sont-ils vraiment entre eux ? Ce que les locataires ont en commun, c'est que chacun individuellement appartient à l'ensemble. Rapport individuel avec un tout, qui ne peut suffire à fonder du collectif. La simple appartenance ne crée pas de communauté. On peut être seul, chacun pour soi, dans l'ensemble. Qu'est-ce qu'on a donc « en commun » hormis le fait qu'on appartient au même ensemble ? Dans une communauté, ce sont les éléments qui font l'ensemble. Pas l'inverse. Une communauté est un ensemble en devenir. Reste la question : que faut-il pour passer de « être dans le même ensemble » à « être ensemble » ?

4 Géométrie politique

L'ellipse, une figure à deux foyers

8 NOVEMBRE 1994. — *Le suspense durait depuis le mois de juillet. Dix-huit équipes en lice. Enfin, les gagnants sont connus ! Le quatuor d'architectes Macary, Zublena, Costantini, Regembal a été préféré à Jean Nouvel pour la construction du Grand Stade, qui doit abriter la coupe du monde de football en 1998 à Saint-Denis.*

> « Je ne puis sortir du domaine elliptique. Là où la chèvre est attachée, il faut qu'elle broute » (Charles Hermite, 1892).

CEUX QUI CROYAIENT EN DIEU, ceux qui n'y croyaient pas : « une ellipse ouverte et œcuménique », pour *La Croix*, « un édifice pacifique, un facteur d'antiviolence » pour *L'Humanité*. De quoi peut-il s'agir ? De la forme du futur Grand Stade ! Ellipse ou rectangle ? Sujet d'esthétique présenté dans la rubrique de philosophie sociale des journaux. C'est un événement. Traiter des effets de la forme des choses sur le corps social dans des médias populaires, ce n'est pas rien tout de même. Qui, après, osera dire qu'en France la pensée est morte ?

Le rond contre l'ovale

Presque au début, la Terre était ronde. Mais immobile. Un peu plus tard, elle se mit à tourner. Doublement ! Sur elle-même, en une pure rotation, et autour du Soleil, en un cercle parfait. Triomphe du cercle ! Figure de la démocratie chez les Grecs, il symbolisait l'égalité politique : comme les points de la circonférence, tous les citoyens, également placés dans la société, entretiennent le même rapport au pouvoir.

Pour ce qui concerne l'ordre du monde, c'est Mars qui porta le premier coup au cercle. Mars ne tournait pas rond ! Calculs après calculs, Kepler en arriva à la conclusion que son trajet « n'est pas un cercle ; il s'incurve de deux côtés et s'étale aux autres bouts. Cette courbe s'appelle un ovale ».

En fait, il ne s'agissait pas d'un ovale, mais d'une ellipse. L'ovale, comme l'œuf dont il tire son nom, est plus étroit à une extrémité qu'à l'autre. L'ovale est « moins » symétrique que l'ellipse… Ce qui explique pourquoi le ballon ovale des rugbymen n'est pas ovale.

Les planètes, ces astres *errants*, ainsi que les nommaient les Anciens, n'erraient pas sagement sur un cercle ; elles suivaient des ellipses, dont le Soleil occupait l'un des foyers.

Quelque temps après, on découvrit, en plus, que la Terre n'était pas ronde, mais aplatie aux pôles, une sorte d'ellipsoïde. Sphère et cercle déboutés, l'ellipse triomphait, que ce soit dans le plan ou dans l'espace.

Du cercle cyclopéen à l'ellipse binoculaire

Le cercle a un centre, et un seul. C'est même l'existence et l'unicité de ce dernier qui en constituent l'essence. L'ellipse, elle, en a, si l'on peut dire, deux : « Courbe fermée constituée des points dont la somme des distances à deux points fixes, les *foyers*, est constante. » Dans ces deux figures, une même idée est à l'œuvre : être situé à une distance constante. Fixez un point, vous avez le cercle, avec son centre. Fixez-en deux, vous avez l'ellipse, avec son couple de foyers. Plus ceux-ci se rapprochent, plus l'ellipse s'arrondit ; lorsqu'ils se seront fondus l'un dans l'autre, l'ellipse aura réintégré le cercle primitif.

Rectangle contre ellipse

Le combat entre le carré et le cercle, si cher aux Anciens, s'est transformé en celui qui oppose aujourd'hui le rectangle et

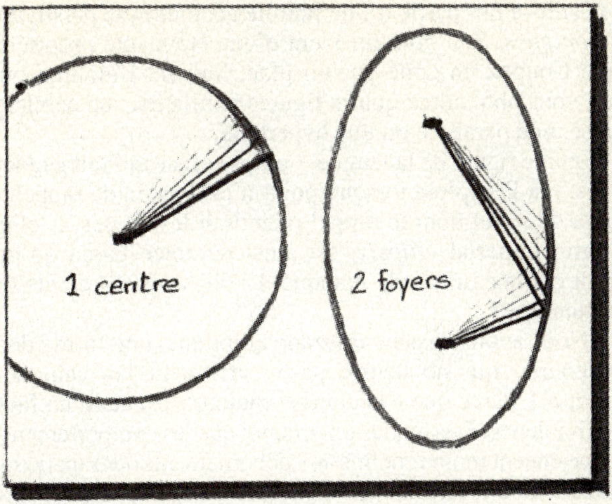

l'ellipse. Dans les projets retenus pour la forme du stade, nuls cercles, nuls carrés. La plupart des aires où se déroulent les jeux de corps sont *oblongues*, c'est-à-dire plus longues que larges : foot, rugby, hand, volley, basket, tennis se jouent dans des rectangles. Hormis la boxe, où l'on s'assomme dans un carré, et l'arène de *toros*, où l'on transperce dans un cercle.

Les deux finalistes du concours s'affrontent ; Jean Nouvel propose un rectangle ; le quatuor Macary, Zublena, Regembal et Costantini propose une ellipse. Les deux formes sont oblongues, l'une est en courbe, l'autre en angles.

Un remède contre la violence : rogner les angles

Ellipse ou rectangle ? Bouygues s'en tape. Étant conjointement le maître d'ouvrage des deux finalistes, il a déjà remporté le concours.

C'est l'ellipse !

L'ellipse fait partie d'une famille géométrique prestigieuse, les *coniques*. Son nom lui vient d'une étonnante propriété du cône. Coupez un cône par un plan. Suivant l'inclinaison du plan, vous obtiendrez quatre figures familières : un cercle, une ellipse, une parabole ou une hyperbole.

Comme figure de la langue, l'ellipse est ce qui fait gagner du temps. On l'emploie lorsque point n'est besoin de rappeler ce qui va de soi et dont le rappel ralentirait les choses. L'ellipse, du latin impérial *ellipsis*, est ainsi nommée parce qu'on la voyait comme un cercle manqué. L'ellipse est un cercle qui a mal tourné.

« Nous avons dessiné un stade elliptique, une forme douce, une courbe qui ne heurte pas », affirment les vainqueurs. Pourquoi ? Parce que « la courbe, toujours, est aussi un facteur d'antiviolence. Des études ont montré que les comportements de groupe étaient moins enclins aux débordements dans un lieu sans angles ». Pour sûr, allez donc coincer quelqu'un dans un rond !

Pour le maire de Saint-Denis, le projet retenu « est semblable à Monsieur Balladur. Tout rond ». Ce que ledit Balladur apprécie en l'ellipse, c'est que, ayant largeur et longueur, elle n'en est pas pour autant hérissée de coins. Quand on vit la cohabitation, peut-on ne pas avoir un faible pour une courbe à deux foyers ?

Et nous d'assister à cet — apparent — chassé-croisé politico-esthétique : à Mitterrand, une pyramide translucide dressée dans une cour royale. À Balladur, une ellipse s'étirant dans une ex-ceinture rouge. Laissons la conclusion à Zublena : « Si le XXIe siècle se réduit au rectangulaire contre l'ellipse, ce serait une vision tragique »…

P.S. Patatras ! La Commission de Bruxelles, qui s'occupe vraiment de tout, dénonce une suite d'irrégularités commises dans le mode de financement du Grand Stade. Il se pourrait que cela coûtât quelques milliards de plus à l'État français.

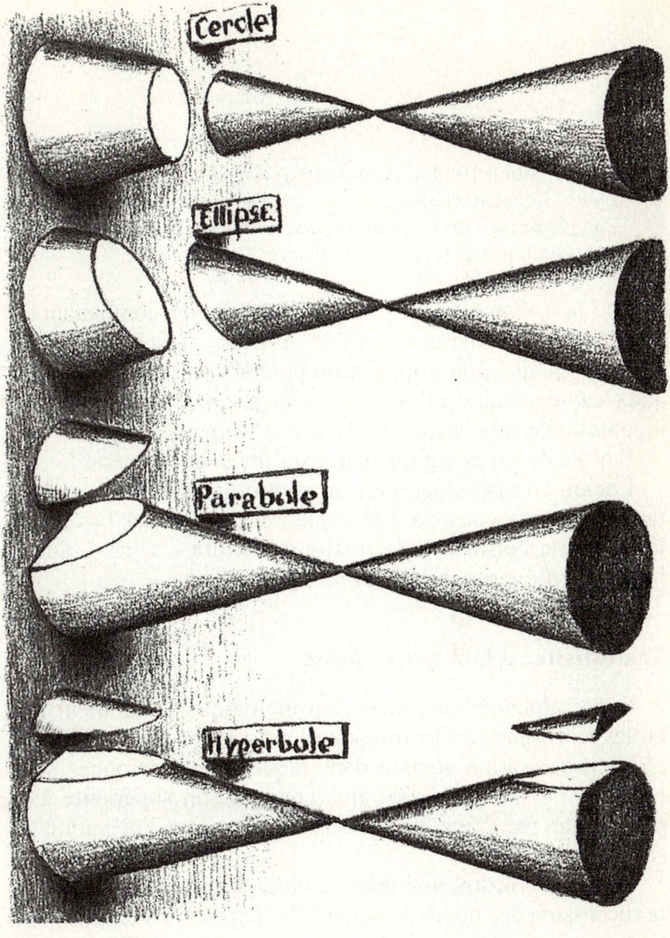
Cercle
Ellipse
Parabole
Hyperbole

5 Quelques vérités en milieu ordonné

22 NOVEMBRE 1994. — *Le Service des stupéfiants annonce que ses agents viennent de procéder à « la plus grosse prise d'héroïne jamais effectuée sur le territoire français ». Cette annonce paraît, au mot près, tous les trois ou quatre mois ! Qu'en déduire ?*

OÙ L'ON APPREND QUE « le plus vieil ancien combattant de la Grande Guerre » vient de décéder, que « Delors est le meilleur candidat de l'opposition pour les présidentielles », et que chaque semaine un journal affiche jusque dans son titre son incontestable supériorité : *Le Meilleur* ! Superlatif.

Il n'y a de superlatif que parce qu'il y a du comparatif.

Lorsqu'en mathématiques on veut organiser un ensemble, une des façons consiste à le structurer ; et une des façons de le structurer consiste à y « mettre de l'ordre ». C'est-à-dire à permettre d'exprimer que « A *est après* B ».

Transitivité : il faut que ça passe

Ordre alphabétique, ordre chronologique, rangement par tailles croissantes ou décroissantes, ordre hiérarchique. *Hiérarchie :* organisation sociale dans laquelle les personnes sont réparties en séries de sorte que chacune soit supérieure à la précédente, par l'étendue de son pouvoir ou par l'élévation de son rang social.

De tous les ordres possibles, le plus « naturel » reste celui de la succession des nombres entiers ; le rangement à la queue leu leu, matrice de toute numérotation, nous permet d'égrener le premier, le deuxième et tous les quantièmes.

Que demande-t-on à une relation d'ordre ? D'abord d'être *binaire* : de mettre en relation des couples d'éléments et seulement des couples. Puis :

1º de propager l'information : si « A est après B » et que « B est après C », alors « A est après C ». C'est la *transitivité*. Si ça passe de A à B et que ça passe de B à C, alors ça doit passer de A à C. Mais qu'est-ce qui passe dans un ordre ? Ben, la supériorité ! Celle du premier terme sur le second. Plomberie, écoulement de l'information et aussi transmission. Le chef du chef de X est chef de X. La transitivité est le fondement de toute hiérarchie. Elle produit les maillons d'une chaîne qui ne se referme pas sur elle-même ;

2º d'interdire les « cercles vicieux » : si « A est après B » et que « B est après A », alors A = B. La seule façon qu'un objet A soit avant ET après un objet B est qu'il s'agisse du même objet.

Le Maximal n'est pas le Plus Grand

Allons voir ce qui se passe du côté des extrêmes. Voici deux définitions :

— Un élément est *le plus grand* s'il est supérieur à tous les autres.

— Un élément est *maximal* s'il n'en existe aucun qui lui soit supérieur.

Faites l'expérience dans votre entourage, demandez si ces deux notions sont équivalentes. Combien les jugent différentes ? Combien les confondent ? Vous-même, les confondez-vous ?

Si oui, autant vous le dire tout de suite, vous avez tort. Elles ne sont pas équivalentes : l'une n'entraîne pas l'autre, et réciproquement.

Les récits et les fables ne s'y trompent guère, eux, qui jouent si bien de cette différence : « De l'avis unanime, la reine était la plus belle femme du royaume », annoncent les uns, alors que les autres précisent : « Il n'était de par le royaume aucune fille plus belle que la petite bergère. »

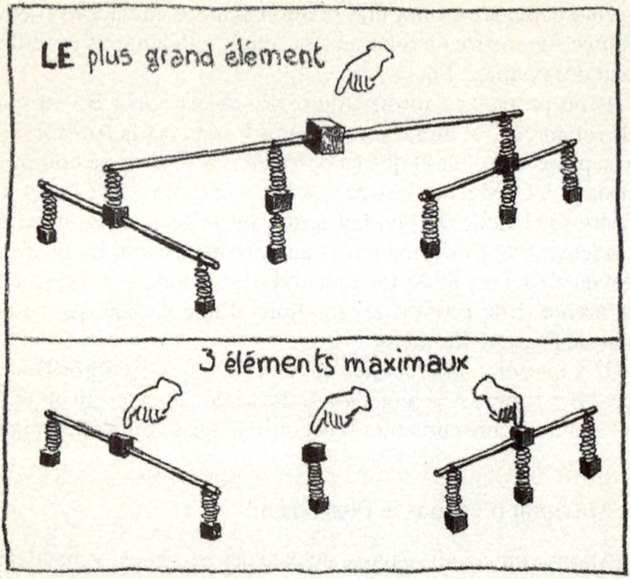

Alors, vous, pourquoi confondez-vous « être le plus grand » et « être maximal », hein ? Dit autrement, pourquoi confondez-vous « être supérieur à tous » et « n'être inférieur à personne » ? Ou bien « ne vouloir recevoir d'ordres de personne » et « donner des ordres à tout le monde » ?

Quelques vérités en milieu ordonné

Voici, épars, une poignée de théorèmes concernant les liens entre élément maximal et plus grand élément :

— Le plus grand est unique. Il ne souffre aucun concurrent. S'ils étaient deux, aucun ne serait LE plus grand. Afin que, dans tout regroupement de militaires, existe toujours un plus grand élément, a été instaurée la règle qui donne le commandement au « plus âgé dans le grade le plus élevé ».

— Si un élément maximal est unique, il est le plus grand élément.

— S'il y a plusieurs éléments maximaux, il n'y a pas de plus grand élément. C'est la triste histoire des triumvirs. Trois éléments maximaux, cela ne dure guère. Pompée, César, Crassus, ou Octave, Antoine, Lépide, tout comme Bonaparte, Sieyès, Ducos.

Il y en a toujours un qui boulotte les deux autres et qui devient le plus grand élément.

Le dominateur, l'insoumis

Changez de peau. Vous êtes « le plus grand élément » d'une collectivité, enfin, vous le croyez ; comment vous assurer que votre croyance est justifiée ? En regardant, si l'on peut dire, vers le bas et, ratissant la collectivité, en éprouvant que vous en dominez tous les membres.

Vous êtes à présent un « élément maximal » ; comment vous assurer qu'il en est réellement ainsi ? En portant, tout au contraire, votre regard vers le haut, et en vérifiant que personne ne vous domine.

Deux attitudes, deux rapports au monde. Le dominateur, l'insoumis. Dominer tout le monde, refuser d'être dominé.

Là intervient le théorème : le plus grand élément est un élément maximal.

En effet, le plus grand élément, étant plus grand que tous les autres, est tel que personne n'est plus grand que lui. Ainsi une des façons d'être maximal est d'être le plus grand !

Donner des ordres à tous, n'est-ce pas une façon de n'en recevoir de personne ? L'Histoire est pleine d'individus qui n'ont pas trouvé d'autre façon de refuser d'être soumis qu'en soumettant les autres. La seule voie que les sociétés offrent aux rebelles est de devenir despotes.

Heureusement qu'il y a ceci : si chaque individu n'a personne au-dessus de lui… il n'a personne au-dessous de lui ! Dit mathématiquement : si tous les éléments d'un ensemble sont maximaux, ils sont tous minimaux. Si personne n'admet de chef, personne n'est le chef de personne.

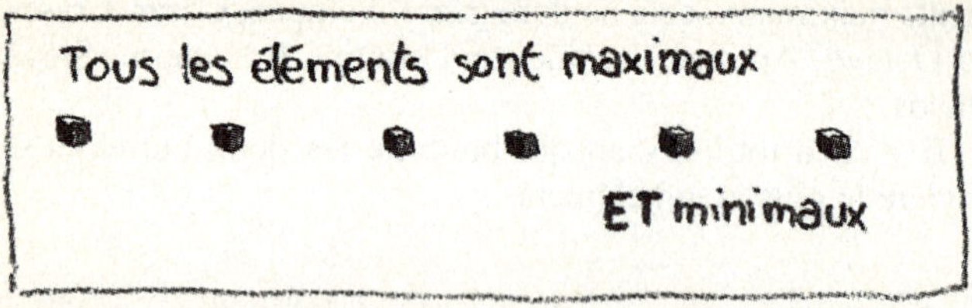

6 Trois, ou les non-alignés

12 DÉCEMBRE 1994. — *Le 26 septembre paraissait le premier numéro de* Libé 3. *Ainsi nommé parce qu'il s'agit de la troisième étape de la vie de ce quotidien. Qui se souviendra que les* Chroniques mathématiciennes *naquirent le lendemain, dans le cahier* Eurêka *?*

« Ma vie tient en ces trois mots : j'étais cru, j'ai été cuit, je suis consumé » (Djalal al-din Rumi, poète persan XIIIe siècle).

APRÈS FRANÇOIS Ier ET HENRI II, il y eut *Libé 3*... Un, c'est l'unicité, l'unité, la singularité. L'Original. Deux, ce n'est pas seulement « plus que un », c'est surtout qu'on ne peut faire moins pour avoir « plus que un ». Deux fournit une preuve de la non-unicité, signe la fin de la solitude, permet l'alternance minimale, compose la page recto verso.

Il faut attendre « trois » pour que démarre vraiment la multiplicité. Avant lui, on était dans l'existence et dans la différence ; avec lui, on entre dans l'abondance. C'est parti pour le poly, le multi, le pluri. Il ouvre le champ à l'« et caetera ». Était-ce Gainsbourg qui chantait « Aux armes, et caetera » dans une *Marseillaise* vilipendée par des paras peu mélomanes ? Quant aux familles, elles ne deviennent « nombreuses » qu'avec l'arrivée du troisième bambin. Le deuxième, c'est pour que le premier ne s'ennuie pas, et aussi pour que le « petit » puisse utiliser les affaires du « grand ». Le troisième, lui, est un bon placement ; aux parents il apporte quelques allocations.

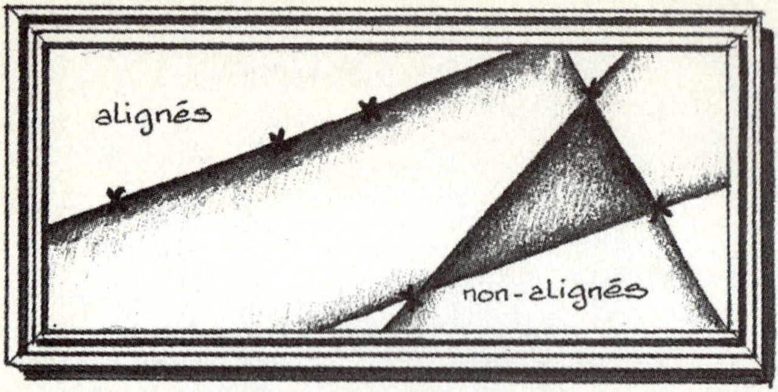

Les bénis ni… ni…

Créez un petit univers. Si vous n'êtes pas Dieu, vous n'y arriverez pas seul. Vous le créez à deux donc. Ça dure le temps que ça dure et puis ça craque. Un autre arrive, le tiers ! Qui est-il ? Il est le « ni… ni… ». Le Tiers Monde, par exemple, était l'ensemble des pays qui n'étaient ni capitalistes ni communistes. Pour les désigner, on eut recours à une formulation géométrique, on les nomma les *non-alignés*.

Prenez deux points. Vous avez une droite, toujours ! C'est pour cela qu'on dit que deux points *définissent* une droite. Prenez-en trois. Ou bien, coup de bol, ils sont sur la même droite, ou bien ils ne le sont pas, parce qu'ils sont non alignés ; dans ce cas vous avez un triangle. Triangle qui tient entièrement dans un plan et dans un seul. C'est dire qu'il le définit. Avec deux points, on a une droite et une seule ; avec trois, dans le cas général, on a un plan et un seul.

Le triangle est proprement ce qui est créé par le non-alignement. Un non-alignement qui a pour effet d'agrandir l'espace, en le dotant d'une dimension supplémentaire.

Triangle. Le triomphe du trois

Trois sommets, trois côtés, trois angles, le triangle est le triomphe du trois. Quand je pense à un triangle, pensé-je aux

angles ou aux côtés ? Aux côtés. Alors, c'est un *trilatère*, comme on dit quadrilatère. Aux angles. Alors, c'est un *trigone*, comme on dit pentagone (cinq angles).

Alors que tous les cercles ont la même tronche, que tous les carrés se ressemblent comme des frères, les triangles, eux, s'affolent de leur diversité. Dit autrement : il n'y a qu'une façon d'être carré, qu'une façon d'être cercle (à la grandeur près), alors qu'il y en a une infinité d'être un triangle, et des tas d'être un rectangle.

Faites votre marché. Il y a les évasés, les *obtusangles*, qui ont un angle obtus ; il y a les tout pointus, les *acutangles*, qui ont leurs trois angles aigus. Et puis il y a les boiteux, que l'on nomme scalènes, du grec *skalênos* (boiteux), parce qu'ils ont leurs trois côtés inégaux ; et il y a les « jambes égales » (*isocèles*), parce qu'ils ont deux côtés égaux, et puis il y a ceux que l'on nomme *équilatères*, du latin *aequi-laterius* (côtés égaux), parce qu'ils ont leurs trois côtés égaux.

Figures fermées. Faire un territoire

Il vaut mieux le savoir tout de suite : si vous comptez vous offrir un petit territoire et que vous ne disposez que deux lignes droites pour le limiter, mieux vaut ne pas insister, vous n'y parviendrez pas. Par territoire, on entend habituellement un

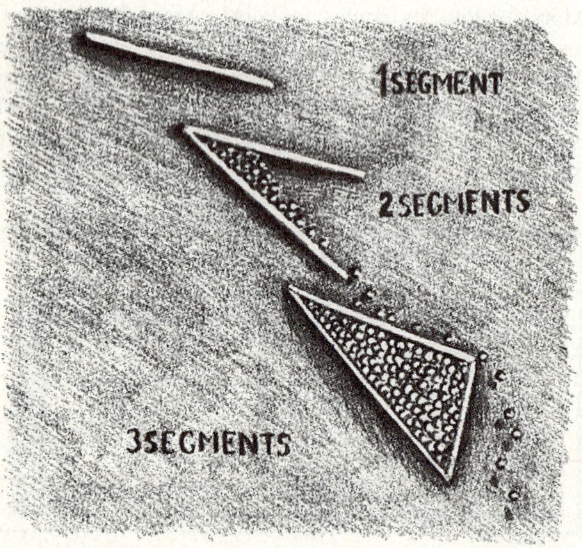

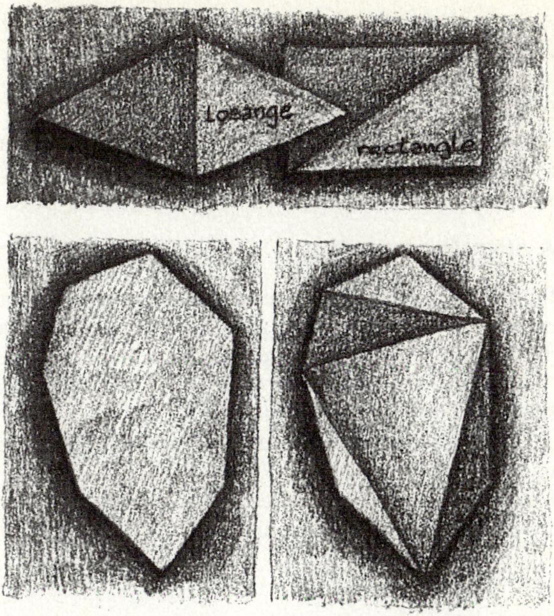

morceau d'espace terrestre avec un dedans et un dehors et dans lequel on peut s'enclore. Avec deux lignes droites, vous resterez ouvert à tous vents. Pour « refermer », il vous en faut impérativement une troisième, alors seulement vous pourrez rester bien au chaud dans votre cocon triangulaire ; vous serez *in* et le reste sera *out*. De toutes les figures fermées rectilignes, le triangle est la plus simple.

Cette position privilégiée dans l'univers des figures, le triangle la doit à une propriété : la somme de ses angles est égale à 180 degrés, à deux droits, c'est-à-dire un plat ! Pour vous convaincre négativement : choisissez trois angles dont la somme n'est pas égale à 180° et essayez de construire un triangle ! Eh oui, trois angles ne font pas toujours un triangle ! Pas plus d'ailleurs que trois segments.

Ainsi, de toutes les figures fermées rectilignes, le triangle est la plus élémentaire. Si vous avez les triangles, vous avez toutes les autres. Avec les seuls triangles, vous pouvez fabriquer toutes les figures fermées rectilignes, les polygones.

Le losange ? Deux triangles isocèles cul à cul. Le rectangle ? Deux triangles rectangles siamois tête-bêche accolés par l'hypoténuse.

Trois, attention danger !

Stabilité : à moins de trois pieds, un siège, trône ou tabouret, ne peut tenir debout. Visibilité : accident ! Sortez votre triangle. Une base pour se poser, un sommet pour indiquer la direction vers où pointer. C'est la flèche et la voile ; en forme de delta, quatrième (!) lettre de l'alphabet grec.

Un, c'est un contre-exemple, juste pour interdire de dire jamais.

Deux, c'est pour réfuter l'exception, l'anomalie.

Trois, c'est le début d'une épidémie.

7 Bal au centre

20 DÉCEMBRE 1994.—*En cette fin d'année, deux événements se sont télescopés. Les centristes du CDS se sont recentrés autour de F. Bayrou, qui déclare : « Voilà trente-six ans que les décisions majeures se prennent sans nous ! » Les centrales se sont enflammées. Blocs de béton devant la centrale de Fresnes, barricades de pneus devant celle de Montpellier, portes d'entrée scellées à la prison de Borgo.*

> « Pour les citoyens d'une cité, c'est une seule et même chose de déposer le *cratos* au centre et de s'affirmer libre de toute domination » (Jean-Pierre Vernant).

ACTUALITÉ CARCÉRALE, actualité politique. Le centre se vide, les centrales se remplissent. Alors que les matons encerclent ces dernières pour que nul n'y pénètre (en empêchant les visites aux prisonniers) ni ne s'en échappe, on ne cesse d'entrer-sortir du premier. Méhaignerie le quitte, Bayrou le prend, Bosson le loupe. Et Delors… le déserte. Delors, fin de partie. Comment voulez-vous que quelqu'un qui a « un pied à gauche et l'autre au centre » ne fasse pas faux bond ?

Le centre : du trop-plein au vide

Depuis que le monde est monde, on n'a eu de cesse de vider le centre de ceux qui ont prétendu le squatter. Une histoire de la connaissance pourrait s'écrire comme le récit des expulsions successives des locataires indus du centre. Dieu chassé du centre du Tout, l'homme de celui de la Création ; la Terre bannie du centre de l'Univers, au profit, un instant, du Soleil qui, à son tour, en fut délogé. Mais où est le centre du monde aujourd'hui ? D'autant que, à ce que l'on prétend, l'Univers est en incessante expansion.

Tout compte fait, le centre est vide ! C'est un non-lieu, qui n'est là que pour tenir à distance en maintenant l'équidistance. Dans l'œil du cyclone règne une immobilité intégrale… qui déchaîne alentour les furies.

Centre, du grec « kentein », piquer

À la pointe du compas qui lui donne naissance, le centre doit son nom. Pour tracer un cercle, il faut commencer par pratiquer une sorte d'acupuncture géométrique à rebours. Non pas piquer là où est l'énergie, mais la faire naître du seul fait que l'on pique. Là où pénètre la pointe du compas sourd l'énergie. Où que l'on place le centre, autour naît le cercle.

S'il est une leçon que nous donne le centre, c'est bien celle-ci : comment être dedans sans pour autant « en être » ? Comment « être à l'intérieur de » sans « faire partie de » ? Car le centre, bien que cerné de toutes parts par le cercle auquel il a donné naissance, ne fait pas partie de celui-ci. On se souvient que le cercle est défini comme l'ensemble des points du plan équidistants d'un point fixe du plan, appelé centre.

Comment être plus « central » que le centre, et comment néanmoins être étranger ?

Quelles figures possèdent un centre ? Au sens premier de l'équidistance de tous à lui, il n'y a de centre que du cercle, de la sphère ou de parties de ces deux-là. En un sens élargi, on parle du centre d'un carré ou d'un losange. Et surtout, on parle du centre de symétrie d'une figure.

Équidistance, côté jardin

Changeons de point de vue. Voici une configuration de points. Existe-t-il un lieu duquel ils seraient équidistants ?

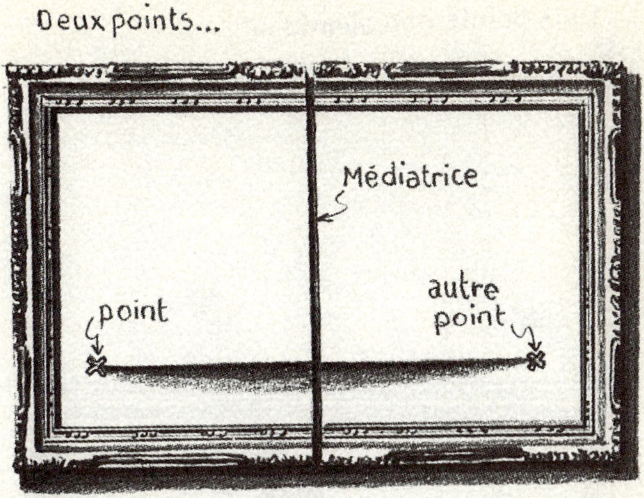

Commençons par un couple de points ; où se trouvent ceux qui leur sont équidistants ? Sur la *médiatrice* du segment admettant ces deux points pour extrémités.

La médiatrice étant la perpendiculaire au segment passant par son milieu.

Et un triplet ? S'ils sont alignés, aucun point n'est équidistant aux trois points donnés. S'ils ne sont pas alignés, ils forment un triangle. Le centre du *cercle circonscrit* au triangle est le seul point équidistant des trois points donnés. Un objet unique donc ! Et qui existe toujours.

Et quatre points ou plus ? En général, il n'y a pas de points équidistants à quatre points donnés ou plus. Si un tel lieu existe, la figure rectiligne formée par ces points, le polygone, sera dite *inscriptible*. Cela vaut en effet la peine qu'on l'inscrive, car la plupart des configurations comprenant plus de trois points n'ont pas de centre ! Ce qui veut dire qu'au-delà de trois, en règle générale, il est impossible de trouver l'objet central d'une configuration d'objets.

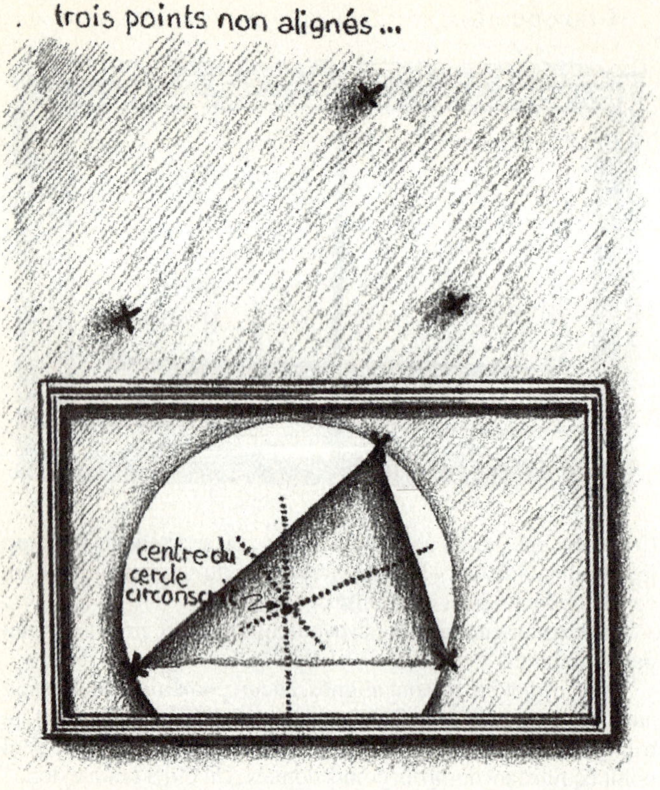

Centripétence, centrifugence. Extrémifuge, extrémipète

Le centre, ou l'on s'en éloigne, ou l'on s'en approche ; il vous attire ou il vous repousse. Centrifuge, centripète ; ballet de l'attirance-répulsion.

La politique est une *dynamique* (cette partie de la mécanique qui étudie le mouvement considéré dans ses rapports avec les forces qui en sont les causes).

L'aire socialiste, par exemple, pourrait être considérée comme un champ de forces ; avec Chevènement, le centrifuge, et Rocard, le centripète. Et où serait le centre de gravité du tout ? Gravité : propriété qu'ont les corps d'être pesants. C'est elle qui fait que nous sommes attirés par la Terre. C'est aussi elle qui est cause des chutes.

Et après que, sur la foi de sondages shootés, le PS s'est laissé aller à une enivrante centripétence, le voilà en passe de retrouver les effets revigorants d'une tonique centrifugence juvénile. Pourquoi ne parle-t-on jamais de force *extrémifuge* ou de tendance *extrémipète*, qui prendraient enfin les extrêmes comme référence ?

À la recherche de l'hypocentre

Qu'on se le dise, le centre n'est pas la moyenne ! Le centre est posé en premier, tout commence par lui ; la moyenne, elle, n'est atteinte qu'après la donnée du dernier élément de la série.

L'un pose l'indifférence, l'autre gomme les différences. Le centre est du côté de l'essence, la moyenne du côté de la négociation.

Lorsque débute une partie, ou qu'un but est marqué, l'arbitre crie : « Balle au centre ! »

Longtemps en sismologie, on a recherché l'épicentre de chaque tremblement de terre, puis on a compris qu'il n'était que le foyer apparent de la zone visible, en surface. Alors a commencé la recherche de l'hypocentre, le foyer réel de tous les ébranlements. Souterrain.

8 Cherchez les points fixes !

10 JANVIER 1995. — *La huitième chronique a eu la lourde charge de débuter la nouvelle année. Journaux, radios et télés, commentateurs et chroniqueurs se repaissent d'articles et d'émissions sur le thème : « 1995. Ce qui va changer, ce qui va continuer. » L'auteur ici a choisi de fixer son regard sur ce qui ne change pas quand ça change.*

> « Qu'il est bon de ne rien faire quand tout s'agite autour de nous. »

LA FIN D'UNE CHOSE, est-ce le début d'une autre ? C'est généralement ainsi que cela se passe dans le défilement des ans. Et la fin de 1994 d'entraîner le début de 1995. Et cela va changer quoi ?

Quand on transforme, qu'est-ce qu'on conserve ? Plus exactement, qu'est-ce qu'on veut conserver ? Pardi, on conserve ce à quoi l'on tient — et que l'on ne veut pas perdre dans la transformation —, ou ce dont on n'est pas capable de se séparer, ou ce à quoi l'on ne tient pas mais qui est indécrochable de ce à quoi l'on tient et que l'on veut conserver. Les fameuses « inévitables conséquences négatives » !

« On efface tout et on recommence », c'est dire qu'on ne change rien du tout. Ou, plus exactement, on revient « au même ». Il y a même, en mathématiques, une transformation qui ne change rien du tout, la *transformation identique*. C'en est bien une, puisque chaque élément est transformé… en lui-même. Le mouvement n'entraîne pas forcément le changement ! Gageons qu'en politique, on sait cela sur le bout des ongles.

« Du passé, faisons rase table ! » Rien ne sera plus comme avant. Poubelle ! Fantasme d'un début qui ne doit rien à ce qui l'a précédé ; mieux, fantasme d'un début que rien n'a précédé.

Et, dans l'entre-deux, les mixes ; une pincée de changement mêlée d'un brin de conservation.

Cherchez l'invariant. Les obsédés des points fixes

Lorsque l'on transforme une figure en une autre, qu'est-ce qui de l'objet initial est perdu ? Rien, tout, certaines choses et pas d'autres : la forme, la grandeur, la forme et la grandeur, la forme et certaines grandeurs ; les distances, l'alignement, le parallélisme, les secteurs angulaires, l'aire, le volume.

Les mathématiciens sont des gens qui passent leur temps à faire bouger les choses, pour ne s'intéresser qu'à ce qui en elles ne bouge pas. Recherche des *invariants*… Par leur stabilité, ces derniers disent la structure profonde de l'objet. L'immuable. Ce qui résiste à toutes les transformations que l'on fait subir à la chose, n'est-ce pas le cœur même de la chose ?

Globalement invariant

Lorsqu'un objet est transformé en lui-même, il est globalement invariant. Et il peut l'être sans qu'aucun de ses éléments le soit. Un cercle ; faites-le tourner autour de son centre d'un quart de tour vers la gauche. Tandis que le cercle, dans son ensemble, est transformé en lui-même, chacun de ses points est transformé en un point différent : celui qui se trouve sur le cercle un quart de tour « après ». Quiconque n'aura pas suivi en direct le mouvement ne se sera aperçu de rien. Mais celui qui, s'attachant à un point particulier, le point nord, par exemple, l'a vu transporté à l'ouest, sait que le cercle a tourné. Il n'est pas suffisant que tous les éléments d'un ensemble bougent pour que bouge l'ensemble.

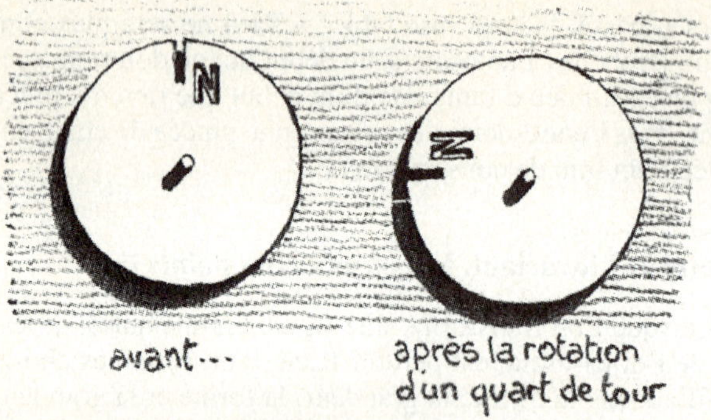

Une société, c'est la même chose. Quels sont ses points fixes au cours des transformations qui l'agitent ? Qu'est-ce qui résiste aux changements ? L'exploitation, par exemple, ça a l'air d'être un satané point fixe. Cherchez les points fixes !

Il n'y a pas que les sociétés qui bougent, le ciel aussi. Insomniaques de l'hémisphère Nord, quelle que soit la nuit de l'année où le sommeil vous fuit, vous savez qu'il est une étoile immobile.

Par-delà les mouvements qui animent la voûte entière, elle est le point fixe du ciel ; ce vers quoi tournent leur regard les égarés. Ne dit-on pas que les étoiles sont des chevaux, et la Polaire, le piquet auquel on les attache. De peur qu'au cours de la nuit l'une d'elles, comme la chèvre de Monsieur Séguin, ne s'échappe et ne soit dévorée par le Soleil en pleine obscurité.

9 Je est un autre

Du pareil au même. Chercher l'indifférence

24 JANVIER 1995. — *Au plus fort de leurs chamailleries assassines provoquées par la course au fauteuil présidentiel, Jacques Chirac et Édouard Balladur n'ont cessé de rappeler qu'ils sont « des amis de trente ans ». Un point est attesté : ils se connaissent depuis trente ans. En politique, habituellement, ce seul fait suffit à rompre toute amitié. La formule « amis de trente ans », est-ce un paradoxe ?*

> « Il n'est aucun être qui soit si semblable, si égal que nous tous lorsque nous nous comparons entre nous. C'est pourquoi n'importe quelle définition de l'homme vaut uniment pour tous » (Cicéron, *Les Lois*).

TEL AMI DE TRENTE ANS EST, dit-on, « le même » que celui dont il est l'ami de trente ans. Et pourtant ils sont deux ! Et c'est justement cela qui fait problème. Te souviens-tu, chérie, de cette façon élégante et pudique que tu avais de me rappeler que je t'avais chouravé ton stylo ? « Depuis que tu as le même, me disais-tu, je ne retrouve plus le mien. » Je t'adore. On patauge dans le même. Idem, blanc bonnet - bonnet blanc. Mais, surtout, il y a cette question qui me hante ; chaque fois que je fais quelque chose, je me demande : est-ce que cela ne reviendrait pas au même ? Revenir au même, n'est-ce pas le propre du temps cyclique ? À toujours se déplacer sur un cercle, on finit par remettre ses pieds dans le même plat.

L'impossible cohabitation

Dans la légalité moderne de la société mathématique, la définition constitue la naissance officielle d'un être. Avant elle, on oublie souvent de le rappeler, il y a l'intuition qu'on a eue de l'objet et par qui tout a commencé.

Confrontées à l'obligation de définition, les mathématiques n'ont cessé de peaufiner les différentes façons de dire « le même ». L'égalité, bien sûr, l'équivalence, mais aussi la similitude, sans oublier l'identité. Cas d'égalité des triangles, identités remarquables, figures semblables, etc. Elles ont forgé la série des *équi*, équipollence des vecteurs (vecteurs ayant mêmes caractéristiques), équipotence des ensembles (ensembles ayant même « nombre » d'éléments), équidistance (êtres géométriques se trouvant à la même distance), équilatère (polygone dont les côtés ont même longueur), etc. Elles ont confectionné la série des *iso* : isocèle, isomorphe, isogone, etc.

La différence, un écart à l'identique

Deux loups mâles ne peuvent gîter dans la même tanière. Il en va ainsi concernant les points. Prenez-en deux, A et B, situés au même endroit. Comment les distinguer ? Sachant qu'en géométrie la seule chose que l'on peut savoir d'un point, c'est où il se trouve ? Pour lui, sa position vaut définition. Il EST où il se trouve. A et B se trouvant au même endroit, rien ne peut les distinguer. Ils sont donc un seul et même point. Dit autrement : quand il y en a deux au même endroit, il n'y en a qu'un.

Et puis, il y a la différence. Dans l'univers des nombres, la soustraction en est l'outil roi. À telle enseigne que soustraire un nombre d'un autre, c'est « faire la différence » : a est différent de b si leur différence $(a - b)$ n'est pas nulle. La division également paie sa quote-part à la différence : si le rapport a/b est distinct de 1, a et b ne sont pas le même nombre. Plus la différence $(a - b)$ est proche de 0, plus l'écart qui sépare a de b est faible. De même, si le rapport a/b est proche de 1.

Qui s'assemble se ressemble. Et réciproquement ?

Chanter les similitudes ou pointer les différences ? Parfois, en désignant les différences, on produit de la similitude. Combien de fois dans l'Histoire, l'autre, l'étranger, le différent a-t-il servi à produire de la similitude ? Le différent — exhibé à cette fin — fonctionne comme un champ magnétique répulsif ; il nous fait nous voir comme semblables, eu égard à la distance qui nous sépare de lui. Il apparaît ; on resserre les rangs ! S'il n'était pas là, il faudrait l'inventer. Souvent, on l'invente.

Je pense parfois à une formule qui fait semblables chiens et chats pour la seule raison qu'aucun d'eux, comme un oiseau, ne vole : « Ce qui nous rassemble est plus important que ce qui nous divise », n'est-il pas ?

Jouer le même rôle. Classes d'équivalence

Voilà un problème à résoudre concernant un ensemble d'objets. En général, sans même en prendre conscience, je recherche les objets qui jouent le même rôle par rapport au problème posé. Ceux-là, à quoi bon les traiter individuellement puisqu'ils vont se comporter de la même façon ? Je les rassemble en un tas ; et plutôt que de tenter de résoudre le problème avec les objets un à un, je vais opérer avec les tas. Et il y a moins de tas que d'objets de l'ensemble de départ. Cette façon « économique » d'agir s'appelle fonctionner par *classe d'équivalence*.

Et l'égalité, dans tout cela ? C'est une équivalence particulière. Pour l'égalité, chaque objet est le seul à avoir le même rôle que lui-même. Voilà pourquoi il se retrouve seul dans sa classe d'équivalence. Solitude de l'égalité, qui est la solitude de l'identité. Nul n'est égal à moi, que moi… et encore !

Entre l'annihilation et l'indistinction, le dédoublement me trouble. Je me souviens de cette histoire… Ils étaient deux vrais jumeaux. Oui mais l'un meurt, l'autre pas. Celui-ci était au fond de la fosse, celui-là, campé sur le bord, jetait une pelletée de terre au fond du trou. Ce fut, avoua la mère, le seul moment où j'ai pu vraiment les différencier.

10 Exclusion, l'ailleurs du dedans

15 FÉVRIER 1995. — *Jusqu'à il n'y a pas si longtemps, l'exclusion se rapportait à des espaces particuliers de la société ; l'école, par exemple, où le conseil de discipline condamnait de-ci de-là quelques élèves à l'exclusion… temporaire. Aujourd'hui, le phénomène ne concerne plus les parties mais le tout. C'est de la société elle-même que l'on est exclu.*

« Le désir de comprendre ce par quoi l'on comprend toute chose n'a cessé de renaître malgré ses déceptions » (George Boole).

CEUX QUI SONT DEHORS, où sont-ils donc ? Et quand on est dehors, est-ce qu'on est un peu dedans… quand même ?

Le complémentaire, c'est le reste

La différence entre les mathématiques et la société ? Dans les premières, on n'est jamais dehors ; on y a une sainte horreur de l'au-delà. L'au-delà, c'est l'indéfini ; or en maths, pour être, c'est-à-dire pour exister, il faut être défini. En principe ! Je dis en principe parce que l'histoire des mathématiques est pleine de contre-exemples ; contentons-nous ici de dire la Loi. Pour être défini, il faut être quelque part, dans un endroit bien localisé. Qui définit ? Le mathématicien individuel ou collectif.

Et dans la société, qui ? Les conditions économiques, la loi, le pouvoir…

En maths, on part d'un tout, disons l'ensemble E ; on en prend une partie, disons A, dont on va déterminer le complémentaire *par rapport à E*. Ce sera l'ensemble des éléments qui

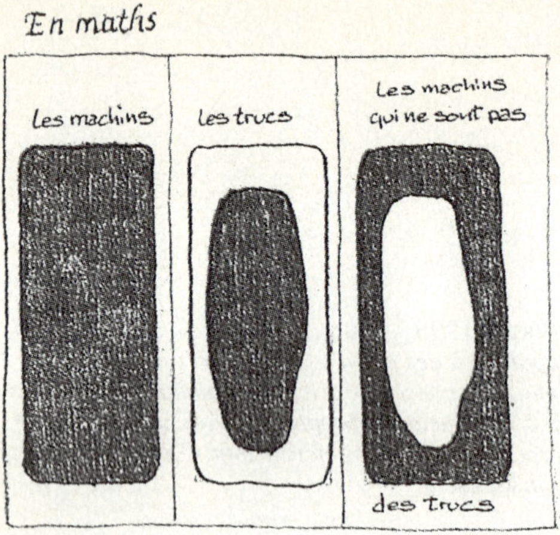

appartiennent à E ET qui n'appartiennent pas à A. Autrement dit, les machins qui ne sont pas des trucs.

Dans la vie cela se passe autrement

On part d'un ensemble A, qui n'est pas forcément dans quelque chose ; un ensemble qui est, tout simplement. Quel est son complémentaire (tout court) ? Il est constitué par « tous ceux qui ne sont pas dans A » et qui sont dans… allez savoir ! Les autres, TOUS les autres ; le reste ; à proprement parler, les laissés-pour-compte. On ne compte que ceux qui sont dedans.

Définition négative. Citoyens, restez couverts !

« Qui es-tu ? » « Je ne suis pas ceci…. » Voilà qui ne constitue pas un bon début. Surtout dans une période où il faut, paraît-il, savoir s'affirmer. Le contraire de l'exclusion, c'est l'inclusion. Le plus souvent, cela se conjugue ainsi : « Je suis inclus », « on m'exclut ». Dans le premier cas, un état, dans le second, une

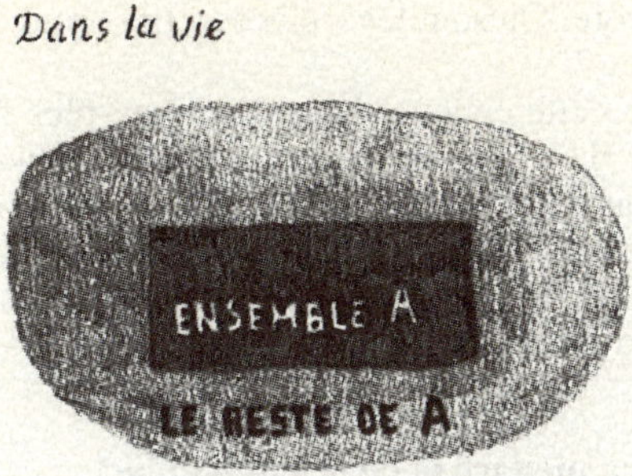

action qui s'exerce sur et contre moi. À mesure que ça exclut, la machine linguistique s'emballe ; on assiste à une inflation de sigles, qui sont de fausses définitions. Les pas-nommés, c'est pas bon pour la société ; on a peur de la chose, alors on leur colle dare-dare un nom : CDD, SDF… Pour une définition négative, on ne peut pas mieux : « SANS domicile fixe » !

Qui sont les exclus ? Ceux qui « ne sont pas », ceux « qui n'ont pas »… de travail, de maison, de couverture sociale. Pas de couverture ! Comme on dit la couverture d'une maison : le toit. Ceux qui sont sans couverture sont « à découvert » ; à la banque aussi. Ils n'ont, au-dessus de la tête, plus rien pour les protéger.

Hier, le Tiers État. Aujourd'hui, le Quart Monde

Tiers État : « Partie de la nation française qui, sous l'Ancien Régime, n'appartenait ni à la noblesse ni au clergé. » C'est précisément la définition du complémentaire de l'union de la noblesse et du clergé : les « ni… ni… ». Ni noble ni ecclésiastique ; individus pour lesquels on peut très précisément dresser la liste exhaustive. Il y a les titres — les titres de noblesse — qui vous définissent noble, et la Curie tient à jour la liste du personnel d'encadrement ecclésiastique.

Et un du Tiers, quels sont ses titres ? Qu'est-ce qui prouve qu'il en était, sinon qu'il n'en n'avait pas, de titres. Définition négative encore. Où sont les « pièces » qui prouvent l'appartenance au reste ?

Restons à cette époque. Quand, un peu plus tard, dans les années 1790, il s'est agi de voter, alors là il a fallu montrer patte blanche, avoir des titres, de propriété cette fois, et avoir de quoi payer des impôts. On avait beau être du Tiers et avoir fait la Révolution, si l'on était pauvre et si l'on était une femme, on comptait citoyennement pour rien.

Pardi, que ça menace la cohésion sociale !

Et aujourd'hui ? On est gâté ! En plus du Tiers, on a le Quart. Le Tiers Monde, ce sont les exclus du dehors ; le Quart Monde, les exclus du dedans. Et bien souvent, ceux du Quart viennent du Tiers. La cohésion sociale est menacée ? Cohésion : adhérer ensemble. Des sociologues l'affirmeraient : un nombre grandissant de gens n'adhèrent plus. Mais n'adhèrent plus à quoi ? À la société, pardi ! Ils s'en détachent. Non, ils en sont éjectés. Ça ne colle plus. La société perd ses gens comme les astres lointains, des morceaux de matière ; beaucoup disparaissent dans le vide spatial. Mais, attention, certains de ces météorites sociaux pourraient bien, boomerangs explosifs, revenir percuter la Terre-mère qui les a expulsés.

D'un côté, le dé-fini, le connu, le re-connu ; de l'autre, l'in-défini, l'in-connu, le sans-nom, le reste. Les affrontements futurs risquent d'opposer ceux qui sont définis à ceux qui ne le sont pas, ceux qui défendent le monde qui leur a offert une définition, à ceux qui veulent le détruire pour en construire un autre dans lequel ils le seront, définis. Les combats futurs n'opposeront pas des ensembles mais des ensembles à leur complémentaire. La société contre son reste ! N'est-ce pas ainsi que cela s'est toujours passé ? En 1789 ? En 1917 ? La société contre son « reste ».

Mais qui sont les inclus ? *Includere :* « enfermer ». Les inclus sont enfermés… dedans ; les exclus, enfermés dehors. Mais où est la sortie ?

11 Positif-négatif

Gestion de signe

28 FÉVRIER 1995. — *Relecture de l'Histoire. Le PC poursuivant sa mue, son secrétaire général Robert Hue n'a pas craint de nous informer que son parti venait de changer d'appréciation sur le bilan de l'ex-URSS. Bilan devenu à présent « globalement négatif ». Oh, quelle surprise !*

CES DERNIERS TEMPS, nous avons assisté à un mini-événement d'une grande importance algébrique. Un changement de signe… historique !

Ce bilan de soixante-dix années d'Union soviétique, que naguère Georges Marchais estima « globalement positif », voilà qu'aujourd'hui Robert Hue le comptabilise « globalement négatif ». Question de signe, question de style.

Globalement, cela signifie qu'afin d'établir cette comptabilité politique, on dut attribuer à chaque entrée un signe (+, –) et une valeur. Électrification : $+x$, Budapest 1956 : $-y$, Spoutnik : $+z$, etc. Et en faire la « somme algébrique », comme disent les mathématiciens.

Pour passer du positif au négatif, traditionnellement on transite par zéro. Il serait d'un grand intérêt historique de déterminer à quel moment précis, entre Marchais et Hue, le bilan est devenu globalement nul. Gageons que ce jour signa un changement capital dans l'algèbre communiste.

« Moins une mouche »…

Depuis que le monde est monde, ou presque, du grand on a soustrait le petit. Mais du petit ôter le grand, cela a été une tout autre affaire. Il a fallu rien de moins que de créer de nouveaux nombres : *les nombres négatifs*. Alors que les fractions existent depuis des millénaires — depuis les Égyptiens et les Babyloniens —, les nombres négatifs sont arrivés sur le tard. D'abord en Inde vers le VIe siècle, puis, quelque mille ans après, en Occident. Encore ne le furent-ils que comme *numeri absurdi*, nombres absurdes. Dans les années 1800, le grand Lazare Carnot, « l'Organisateur de la Victoire », ne déclarait-il pas qu'« ôter quelque chose de rien [est une] opération impossible ».

Ce que le grand stratège refusait d'admettre ne pose pas le moindre problème aux « enfants du parking ». Depuis que dans les grands magasins existent des parkings souterrains et des ascenseurs pour y descendre, des presque-bébés appuient sur les boutons marquées « – 1 », « – 2 »… sans que cela leur pose le moindre problème métaphysique. De l'importance des objets techniques dans l'acquisition des concepts.

Qu'est-ce qu'un nombre négatif ? À proprement parler, un moins-que-rien ! On comprend pourquoi il a fallu tant de temps pour accepter dans le lumineux empire des nombres ces inférieurs à zéro, les nombres des profondeurs.

J'ai connu une araignée fine mouche qui, tapie derrière sa toile, ne cessait de grommeler : si je comprends bien, « moins une mouche », c'est ce que je dois ajouter à trois mouches pour n'en boulotter que deux ! Avec les nombres négatifs, on peut ajouter et avoir à l'arrivée moins qu'au départ. Arithmétique arachnéenne.

Globalement nul

Chacun sait qu'une bonne comptabilité est à « somme nulle ». Entrées + sorties = 0. Mais si, remarquez-vous, l'entreprise a fait cette année-là quelques bénéfices, c'est qu'il y a plus de plus que de moins, donc !… On vous répondra immédiatement : « C'est une question d'écritures. » Écrivons, alors.

Vous avez gagné 1 million ! Vous savez que vous allez payer, disons, 300 000 F d'impôts. Mais vous avez rencontré l'araignée

ci-dessus décrite, alors vous créez votre propre entreprise et vous vous dépensez pour dépenser afin qu'elle se retrouve déficitaire en fin d'exercice (d'exercice d'algèbre !). Vous vous offrez un déficit du feu de Dieu, disons 300 000 F… Vous additionnez le tout (vous en avez légalement le droit) :

$$+300\,000\,\text{F} + (-300\,000)\,\text{F}.$$

Globalement nul. Sur votre feuille d'impôts vous écrivez : Zéro. C'est ce que l'on appelle des dettes qui rapportent. Un allégement fiscal est un prélèvement dans le prélèvement. Un cadeau.

Comme ces aéronautes qui truffent leur nacelle de sacs de sable pour pouvoir les larguer lorsqu'ils se sentiront dégringoler. Délestez-vous de vos impôts en vous offrant des déficits.

Moins par moins ça fait plus

Attention ! Ne pas confondre le nombre (– 5) avec la soustraction du nombre (+ 5). Même si finalement cela revient au même. Un objet n'est pas une action ; un nombre, pas une opération.

C'est cela l'algèbre, dire que ce n'est pas la même chose, mais que cela revient au même, que c'est « égal ». Ajouter une dette n'est pas la même chose que soustraire un gain, et pourtant c'est égal :

$$C + (-5) = C - (+5).$$

Savez-vous qu'il y a des gens qui rachètent des dettes (à savoir des créances) ? Ils les achètent au rabais, espérant les réaliser plus tard à leur valeur réelle, en empochant la différence.

Les pas-grand-chose

La *valeur absolue* d'un nombre est sa valeur lorsque l'on ne tient pas compte de son signe. Valeur absolue de (– 5) = 5 ; valeur absolue de (+ 5) = 5. C'est ce qui permet qu'une grosse perte puisse être aussi grosse qu'un gros gain ; qu'un grand criminel puisse être plus grand qu'un petit bonhomme. La littérature, l'opéra, le cinéma, le théâtre raffolent des valeurs absolues, celles des personnages qu'ils mettent en scène. Les grands pécheurs sont de grandes gens, ils feront de grands saints.

La valeur absolue, c'est ce qui permet d'affirmer que, concernant le bilan de l'URSS, Georges Marchais et Robert Hue disaient la même chose en disant le contraire.

Avec une seringue dont la contenance est 3 cl en valeur absolue, on peut faire deux sortes de piqûres : des injections-additions ou des ponctions-soustractions. Transfusion, prise de sang. Au signe près.

Comment terminer sans vous faire part d'une récente découverte : parfois des moins-que-rien, en valeur absolue, valent plus que des pas-grand-chose.

12 Grands écarts et petits calculs

14 MARS 1996. — *Un rapport de l'UNESCO affirme que cette année encore l'écart s'est creusé entre les pays les plus riches et les pays les plus pauvres. Un rapport de INSEE affirme que cette année encore l'écart s'est creusé entre la partie la plus riche et la partie la plus pauvre de la population française.*

> « Il y a une vérité flagrante en matière de contributions fiscales, c'est qu'elles doivent être proportionnées non à la fortune des citoyens, mais à leur superflu. Jamais il n'y aura ni justice ni ombre d'égalité sur la terre tant que, pour les payer, il faudra que l'un donne le quart du pain qui fait sa subsistance, tandis que l'autre en sera quitte pour avoir un laquais de moins » (Lazare Carnot, 1793).

HOMMES OU PAYS, l'écart se creuse. La faille s'élargit. Un écart, tellement grand ! Tu l'as dit, c'est l'écartèlement. Une des questions graves que se pose la société française aujourd'hui est : à partir d'où l'écartement deviendra-t-il écartèlement ? L'écartèlement s'est-il déjà produit ?

De l'écart à l'écartèlement

Écarteler, c'est diviser en quarts. Lorsque de Gaulle a disloqué le quarteron de généraux félons de l'OAS, il l'a, au sens propre, écartelé.

Quand on parle d'écart, c'est qu'on peut, en principe, encore comparer. Indiquer un écart entre deux choses, c'est admettre qu'elles sont suffisamment les mêmes pour qu'on puisse apprécier de combien elles ne le sont pas. En arithmétique, deux opérations font cela très bien : la soustraction, la division.

Soustraction, x moins y : $(x - y)$. Soustraire y de x, ou l'inverse, c'est faire la différence. Si elle n'est pas nulle, x et y sont, La Palice le dit, différents.

Division : (x/y). Si le rapport n'est pas égal à l'unité, x et y sont différents.

Différents, d'accord, mais de beaucoup ou de peu ? Connaître l'ampleur de la différence ne suffit pas à apprécier son « importance ». Importance par rapport à quoi ? Ben, par rapport aux objets eux-mêmes. Pour tester l'importance de la différence, on dispose, en mathématiques, de plein de moyens. Par exemple, on calcule le rapport de la différence à l'un des objets :

$$(x - y)/x \qquad \text{ou} \qquad (x - y)/y.$$

Que les hauts salaires lèvent la main…

Cela me fait penser à certaines grèves. Entreprise X, situation sociale pas terrible, les bas-de-l'échelle se mettent en grève parce que « ce n'est plus possible ». Ils exigent une augmentation de salaire. Certains, parmi les cadres et la maîtrise, tiennent absolument à travailler. Piquet, forçage de piquet, rapport de forces, détermination, solidarité, etc. Une grève, quoi. Qui finit bien pour les grévistes, puisqu'ils ont obtenu une augmentation de 5 %.

Feuille de paie du mois d'après la reprise du travail. Le gréviste-bas-salaire à 6 000 F se retrouve à 6 300. Le non-gréviste cadre à 18 000 F se retrouve à 18 900. Soit, tous comptes faits : différence avant la grève : 12 000 F, différence après : 12 600. Conclusion : l'écart s'est creusé ! Traiter de la même façon des inégaux, c'est renforcer l'inégalité, et voui ! (Aucun non-gréviste n'a refusé l'augmentation.)

Quand il y a un écart, on peut : 1º faire grossir les maigres et maigrir les gros ; 2º faire moins grossir les gros que les maigres ; 3º faire plus maigrir les gros que les maigres. Et enfin 4º faire grossir les gros et maigrir les maigres. C'est le grand écart.

Garder la distance

La distance est un rapport entre deux. En maths, elle sera représentée par une *fonction de deux variables* : $d(x, y)$, qui a en charge de quantifier ce rapport en lui attribuant une valeur numérique. Pas négative, bien sûr. Qu'est-ce qu'on peut demander à cette fonction ?

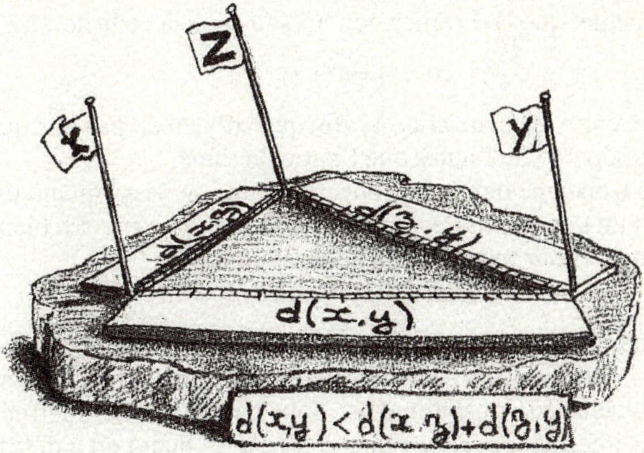

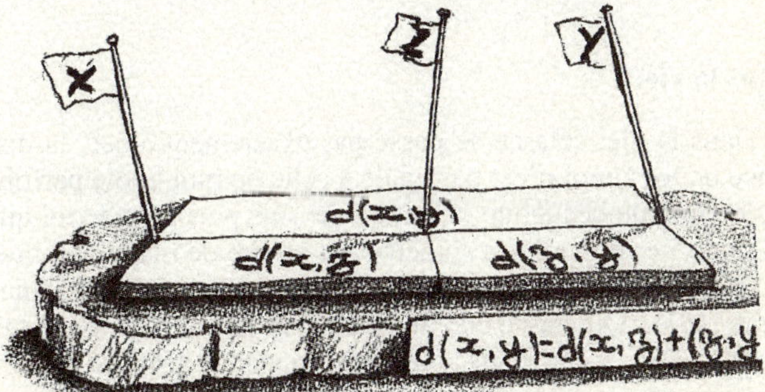

1º D'abord que la distance d'une chose à elle-même soit nulle :

$$d(x, x) = 0.$$

Sans quoi ce ne serait pas *la même* chose. Souvent, on présente cette demande de la façon suivante : $d(x, y) = 0$ si et seulement si $x = y$. Pour deux objets, il n'y a qu'une façon d'être à une distance nulle l'un de l'autre, c'est d'être le même objet. Cette contrainte est appelée *axiome de séparation* parce qu'elle exprime que, dès qu'on est différents, on est séparés.

2º Ensuite, que la distance de x à y soit égale à celle de y à x :

$$d(x, y) = d(y, x).$$

Symétrie entre les deux choses, afin qu'il n'y en ait pas une qui soit plus séparée de l'autre que l'autre de l'une.

3º La troisième demande concerne ce qui se passe quand on introduit un intermédiaire z dans la relation entre x et y. Eh bien, ça rallonge ! Pour le moins, ça ne raccourcit pas :

$$d(x, y) \leq d(x, z) + d(z, y).$$

Le chemin le plus court entre deux points du plan est la *ligne directe*, la droite. On se souvient de la campagne : directement du producteur au consommateur. Sans passer par un intermédiaire. L'intermédiaire, ça coûte de l'écart ! Quand on a défini une telle distance, on a un *espace métrique*.

Dans la vie…

Dans la vie, cela ne se passe pas exactement ainsi ; la distance de toi à moi n'est pas égale à celle de moi à toi ; parfois, il s'en faut de beaucoup. C'est que je suis plus près de toi que toi tu ne l'es de moi. La symétrie est affaire de mathématique.

Quant à $d(x, x) = 0$, alors là… Entre moi et moi, la distance serait nulle ? Qu'est-ce que tu me chantes là ? Suis-je tout à fait moi ? Parfois, je me cours après. Mais quand la distance devient trop grande, quand l'écart, comme le gouffre, se creuse, quand je ne me reconnais plus, c'est le clash. Je suis *fendu*, c'est la schize ; je M'écarte, je ME sépare. Je est un autre ! $d(x, x) \neq 0$, certes, mais pas trop, please.

La vie n'est pas un espace métrique.

13 Inclusion, danger !

28 MARS 1995.—*La guerre en Tchétchénie fait rage. Aucune réaction, aucune intervention, même verbale, de gouvernements habituellement très « droits de l'homme ». Les USA sont aphones, la France muette, etc. C'est que la Tchétchénie n'étant pas un pays indépendant, il s'agit d'une affaire intérieure à la Russie. En politique internationale, l'inclusion est une absolution.*

Le tiers inclus

L'appartenance, on ne la définit pas. C'est vrai qu'il est difficile d'exprimer ce que cela veut dire : « appartenir à ». Si je t'appartiens et que tu lui appartiens, dois-je lui appartenir ? L'appartenance n'est pas transitive. Un élément d'un élément de A n'est pas obligatoirement un élément de A.

L'inclusion, elle, on la définit. A est inclus dans B si tout élément de A est un élément de B. Simple, non ? C'est avec elle qu'on fait les parties. Et des parties, il y en a très vite beaucoup. B a 10 éléments ? Il aura 1 024 parties. Cent fois plus de parties que d'éléments ! Cela veut dire que même si on n'est pas beaucoup, il y a beaucoup de façons de se regrouper. Une partie d'une partie de A est obligatoirement une partie de A. Poupées russes, transitivité de l'inclusion.

Les guerres intestines sont celles qui font le plus mal au ventre

Cas n°1. On peut assassiner dans une de ses parties. C'est, par définition, une « affaire intérieure ». En fait, ce n'est pas une affaire, puisque c'est intérieur. Pour preuve, les Russes sont « chez eux » en Tchétchénie, c'est donc le ministère de l'Intérieur qui s'occupe de la chose, pas celui des Armées, comme en Afghanistan. Ce qui conforte *a posteriori* et, tragiquement, les Tchétchènes dans leur lutte pour ne plus en faire partie, de la Russie. Le livret militaire des combattants russes en Tchétchénie porte la mention : « Restauration de l'ordre constitutionnel en Tchétchénie. » Pas plus que les voisins n'interviennent quand un Rambo domestique extermine régulièrement sa petite famille, pas plus les autres pays n'interviennent quand un des leurs fait un ménage sanglant dans une de ses parties. En politique internationale, l'inclusion est une absolution. Attention, peuples battus ! Les guerres intestines sont celles qui font le plus mal au ventre.

Cas nº2. On peut assassiner dans une partie d'un autre ensemble, pourvu qu'on ne s'y installe pas. La communauté internationale, le mot est joliment choisi, l'autorise. Chacun chez soi ! Incursion mais pas installation. C'est ce que la Turquie fait en Irak, sur les Kurdes. Et c'est ce que demain l'Iran pourra faire en Turquie, sur les mêmes Kurdes. Les rebelles doivent s'en convaincre : sanctuaire égale cimetière.

Cas nº3. Conjonction des deux précédents, en pire. Cela s'effectue, dans l'ordre suivant, si l'on peut dire : 1º Assassiner dans une de ses parties. 2º Expulser les survivants pour aller les tuer dehors. 3º Cela accompli, on réunit le dehors avec le dedans, pour pouvoir re-tuer dedans tous ceux qu'on n'avait pas encore pu assassiner dehors. C'est la politique des trois « ex » : extermination, expulsion, extension. Les Serbes font cela très bien. Respiration en deux temps : la Petite Serbie, c'était l'inspiration ; la Grande, l'expiration. En ce moment, nous sommes en apnée. Le Grand Bleu.

Extension n'est pas annexion

L'annexion suppose deux objets ; l'extension, en fait, un seul : « tel pays annexe tel autre », « tel pays s'étend ». Deux ensembles disjoints A et B ; l'annexion de A à B, ou de B à A, est, en termes mathématiques, une *union*. En termes politiques, une union forcée, surtout si elle est imposée.

L'extension est une affaire solitaire, une pièce à un personnage. Il n'y en a pas d'autre, justement. On s'étend parce que l'autre on le nie et que l'on se croit le seul sujet. Ce n'est pas à proprement parler un ensemble, mais une *structure* qui s'étend. C'est toute la différence entre les guerres classiques et ce qui s'est passé avec le nazisme et le soviétisme. Dans les premières, on annexe du territoire. Dans les seconds, on étend, à partir d'un territoire de départ, une idéologie qui fait grossir le territoire-mère.

Scission, une affaire de parties

Avant la scission, il y avait A. Et dans A, une de ses parties, B. Après, il y a deux ensembles disjoints : B et le complémentaire de B par rapport à A. Mais plus de A ! Tout le problème est là : qui garde les enfants ? Qui va conserver les meubles ? Quand, en 1947, la CGT se scinde en deux, qui sera la vraie ? Et l'on eut la CGT tout court et la CGT-FO. Même chose avec la CFDT-CFTC. Et tout dernièrement avec la FEN-FSU. Dans le champ syndical, c'est fou, il y a des unions partout : locales, départementales, fédérales, confédérales, et des scissions tout le temps.

Si l'on devait faire un défilé de mode pour présenter les différents cas de figure, on prendrait sans conteste pour modèle l'Allemagne. En un siècle et quelque, elle est passée par tous les modes. 1871, unification : premier Reich, petits États du Nord se réunissant pour former un nouveau tout. 1871, annexion : Alsace-Lorraine. 1918, amputation : traité de Versailles, perte de l'Alsace-Lorraine. 1938, extension : à partir du territoire-mère, le troisième Reich s'étend à l'Autriche, à la Bohême-Moravie, etc. 1949, scission : création de deux Allemagnes, République fédérale d'Allemagne et République démocratique allemande. 1994, réunification. Sans compter, depuis, l'union : l'Union européenne.

Fission, fusion. L'érotisme, dit Bataille, c'est de Deux faire Un. Abolir l'infinie distance qui nous sépare, et se fondre l'un dans l'autre durant… une infinie seconde. Oui, mais quand on est deux, et que l'un fait scission et pas l'autre, est-ce que cela devient une exclusion ?

14 La dernière ligne droite

11 AVRIL 1995. — *La succession de François Mitterrand pour le poste de président de la République française est entrée dans la dernière semaine.*

APRÈS LES NOMBREUX TOURNANTS pris par les candidats tout au long de leur campagne, les voici abordant ensemble la dernière ligne droite (DLD). Un bien bel objet que cette DLD pour un mathématicien ! *Dernière* : relation d'ordre, *ligne droite* : géométrie.

Mettre les bouts

Des bouts, en avoir ou pas ? C'est, pour une ligne, toute la question. Cantonnons-nous aux rectilignes. Pas de bout, c'est une *droite* ; elle se poursuit dans les deux sens ; donc ne possède pas de « dernier » point. Un bout, c'est une *demi-droite* ; dotée d'un début et pas d'une fin, ou d'une fin et pas de début. Deux bouts, c'est un *segment* ; un début, une fin ; un premier, un dernier point, un dans un sens, l'autre dans l'autre sens.

Aucun journal, remarquons-le, n'a titré, concernant l'élection présidentielle : « En ce mardi 11 mars 1995, les candidats abordent la dernière ligne courbe de la campagne. » Il aurait pu l'être, courbe, l'ultime tronçon. En fait, non. Les lignes d'arrivée ne sont jamais dans un tournant. Dans les courses hippiques, steeple ou non, dans les courses à pied, à vélo, en voiture, la ligne d'arrivée se trouve toujours dans une ligne droite. Dans *Ben-Hur* aussi, je viens de le vérifier. Voilà bien là une constante de toutes les courses.

L'intérêt, ou l'inconvénient, de la ligne droite, est qu'on voit aussi loin que porte sa vue. Pas question de faite porter à la nature du terrain ce qui n'est imputable qu'à la myopie du voyeur.

Avec la ligne courbe, le lynx et la taupe, logés à la même enseigne, ne voient pas plus loin que le bout du tournant. Dont la première qualité est d'interdire d'apercevoir ce qui vient juste après.

L'intérêt des routes de montagne réside en ce que, passé le tournant, parfois, on découvre des beautés inattendues.

Comment savoir que le dernier est le dernier ?

Premier, dernier. Apparemment, c'est la même histoire ; l'un devenant l'autre dès que l'on inverse l'axe du temps. Que nenni ! Être le premier est l'affaire du présent ; être le dernier, celle du futur.

Être le dernier, c'est être après tous les autres. Exprimé négativement : être tel qu'il n'existe aucun autre après. On n'est le dernier que parce que DANS L'AVENIR il n'y en aura pas d'autres. Comment s'en persuader ? En déroulant l'avenir ? Voilà pourquoi il y a toujours du tragique en lui ; son existence dit l'impuissance du temps. Elle affirme que tout le temps à venir n'ajoutera rien. Il n'y pourra rien.

Observez les yeux de cet homme qui, sur le quai, voit passer le dernier convoi. Et, à la sortie de la gare, vous, vous attendez l'être cher ; comment savoir que ce voyageur qui vient de sortir est le dernier ? Et que cela ne vous sert plus à rien d'attendre : celui que vous espériez ne viendra plus.

Être dernier à jamais

C'est, aussi, un titre de gloire que d'être le dernier. Dans l'échelle de la célébrité, après le maillot jaune, il y a la *lanterne rouge*. On a connu des cyclistes qui, s'y étant installés dès la première étape, se sont battus comme des diables pour conserver la dernière place jusqu'à la fin. Le dernier est unique. Quand il y en a deux, c'est qu'il y en a un qui l'est moins que l'autre. Le *dernier des derniers*, c'est le « il n'y a pas pire ». Quant à la *der des ders*, vous le savez sans doute, il n'y en a guère.

Le premier, lui, n'a qu'à commencer. Il fournit son effort pour débuter, ensuite il peut se rendormir, personne après lui ne pourra être le premier. Il en va tout autrement quand on se prétend le dernier. Pour garder son poste, on doit militer toute l'éternité afin que nul ne vienne vous coiffer sur le poteau. Le dernier est un veilleur éternel.

Le dernier nombre premier ?

Les nombres entiers défilent à la queue leu leu. Ils ont un début : 1, ou 0, c'est selon ; et pas de fin. Il n'y a pas de dernier nombre entier. Parmi eux, il y en a dont les mathématiciens sont très friands : les nombres *premiers*. Ceux qui ne sont divisibles que par eux-mêmes et par 1. On les dit tels parce qu'on ne peut les « produire » par une multiplication. 7, 11, 13 sont premiers ; 9, 15 ne le sont pas. Hormis 2, aucun nombre pair ne l'est.

Plus un nombre est grand, plus il y en a qui sont plus petits que lui. Qui pourrait dire le contraire ? Donc, plus il y en a qui sont susceptibles de le diviser. Redonc, moins il a de chance d'être premier. Il y a raréfaction. Question : arrive-t-il un moment où il n'y aura plus de nombres premiers ?

Supposons que tel est le cas. Il y aurait donc un dernier nombre premier, celui qui est plus grand que tous les autres. Nommons-le A. Et prouvons que A n'existe pas. Comment ? En démontrant que son existence est absurde. On va, *à l'aide de A lui-même*, construire un nombre premier B, plus grand que A… qui se prétend le plus grand.

On prouve ainsi que, s'il existait un dernier nombre premier, il y en aurait un qui viendrait après lui. Aucun nombre, donc, ne peut se targuer d'être le dernier nombre premier. Aussi loin que l'on s'éloigne, et malgré la foule de prétendants qui ne cesse de croître, il y aura un nombre ne se laissant diviser par aucun de ceux qui le précèdent.

Marcheurs infatigables sur la route des nombres, aussi loin que vous alliez, soyez assurés, vous trouverez un nombre premier à l'abri duquel vous pourrez faire halte, sans risquer d'être divisé.

Les gens de la prévention routière vous le diront : le pire, c'est un tournant après une longue ligne droite. C'est lui qui, souvent, fait que pour le conducteur elle devient… la dernière ligne droite.

15 Homme unique objet de notre assentiment

16 MAI 1995. — *Dimanche, Jacques Chirac a été élu président de la République, de la Ve République française.*

> « Dieu n'existe pas ET nous sommes son peuple élu » (Woody Allen).

DIMANCHE, 20 HEURES : il existe un président de la République française ET il est unique. Ainsi SOIT… IL ! C'est comme « Dieu », non pas le dieu local et temporaire qui vient de nous quitter, mais l'original, l'éternel et l'universel. Que disent de lui les Saintes Écritures ? 1º Dieu est. 2º Dieu est Un. Existence et unicité. Une belle paire d'axiomes qui fonde le monothéisme. À opposer à cet autre axiome : « Dieux sont plusieurs », qui est cause du surpeuplement des panthéons polythéistes.

Le prix de l'article défini

En mathématiques, les théorèmes « d'existence et d'unicité » sont parmi les plus recherchés. Ils nous assurent qu'un certain objet est, et est unique à être ainsi. Il est un et un seul ! Et sans le connaître plus, sans avoir à l'exhiber, sans jamais l'avoir rencontré, nous pourrons le nommer en disant « c'est celui qui… ». Et nous aurons le droit (mathématique) de le faire. Dans les langues naturelles, l'existence et l'unicité s'expriment par l'article défini LE ou LA.

Quand il y en a plusieurs, on ne peut dire que « un » ou « une ».

Et quand il n'y en a pas, on peut toujours dire « le » ou « la » ; cela, ne se rapportant à rien, ne confirmera ni n'infirmera ce qui est. Ce qui n'existe pas peut-il contredire ce qui est ?

Définir n'est pas exister. Les mots et les choses

Si existence et unicité impliquent définir, définir n'implique pas exister, encore moins être unique.

On cite souvent cette histoire (véridique ?) d'un chercheur ayant bâti la théorie d'un type d'objet mathématique par lui défini et qui avait omis d'établir à son sujet un théorème d'existence. Malheureusement, quelque temps plus tard, on prouva que l'objet en question n'existait pas ! La belle théorie… s'envola en fumée.

Nommer, définir ; activité langagière et conceptuelle qui nous prend la tête et la langue, mais qui ne suffit pas à faire exister pour de vrai la chose définie. Il y a de très belles définitions du Diable, et aussi de Dieu. Mais aucune ne suffit à prouver que l'un ou l'autre existe. « Dieu existe, je l'ai défini. » Rejeté ! Mais, « Dieu existe, je l'ai rencontré », c'est une autre affaire, faut voir…

Les discours politiques sont peuplés d'objets qui en général ne sont pas définis. Et dont on n'a encore moins démontré l'existence. C'est pourquoi bon nombre de ces discours, en fait, ne parlent de rien. Qui est ? où est ? quoi est, par exemple, « la racaille » dont se gargarise le Front national ? Le Robert définit *racaille* par : « partie la plus vile de la population ». Vile : qui inspire le mépris. Mais qui inspire le mépris ? Le Front national ? Quand le FN parle de racaille, parle-t-il de lui ?

Les choses ont besoin des mots pour se faire « entendre » ; les mots, qui se prétendent les mots des choses, ont besoin des choses pour être les mots de ces choses. Sans cela, ils ne « recouvrent » rien. Que du vide. Du vide qui souvent pèse lourd son poids homicide.

L'existence comme nécessité

Les mathématiciens disposent de trois façons de prouver l'existence. 1º Exhiber l'objet, pratique résumée dans la très british formule : *The proof of the pudding is in the eating.* 2º Proposer un plan « convaincant » de sa construction. 3º Démontrer qu'il ne peut pas ne pas exister : une sorte d'« existence en creux ». La preuve de l'existence établie par l'impossibilité de la non-existence.

Dans les mathématiques d'aujourd'hui, une des façons de prouver qu'un certain objet existe consiste à démontrer que, s'il n'existait pas, il y aurait une contradiction dans la théorie, qui la ferait s'effondrer logiquement. Un seul objet manque et tout s'est écroulé ! L'existence d'un seul objet comme condition d'existence de la structure entière.

Les mathématiques en tant que système logique sont ainsi faites : on peut faire la preuve d'une existence en établissant l'impossibilité de la non-existence. Mais tous les mathématiciens n'acceptent pas ce point de vue. Pour ces derniers, l'existence d'un objet n'est établie que lorsque l'on propose un procédé de construction effective. On les appelle les *constructivistes*.

La grande différence entre « un » et « un seul »

Chaque fois que l'on dit « le » ou « la » (et aussi « l » apostrophe), il y a, tapi dans les coulisses, un théorème d'existence et d'unicité qui nous y a autorisé. Je lui ai dit : « Tu es l'amour de ma vie ! — Certes, me répondit-elle, voilà cependant qui a besoin de se démontrer ! Premier acte : Prouve-moi d'abord que tu m'aimes. Ensuite, que tu n'aimes que moi. » Ce ne fut pas facile.

Comment savoir qu'il y a un seul objet dans un ensemble ? En les comptant. Et si on ne sait pas compter ? Alors, il faut trouver une démonstration. Pour qu'il y en ait un et un seul, il faut d'abord qu'il y en ait. Existence. Et qu'il n'y en ait qu'un.

Unicité. Comment démontrer qu'il « y en a qu'un » ? Simple. Puisqu'on vient de démontrer qu'il y en a, on a le droit d'en exhiber certains. Exhibons-les. Puis démontrons qu'ils sont tous LE même : quels que soient x et y exhibés, $x = y$. Donc il (n')y en a qu'un.

Ce qui, rapporté à la première phrase de la chronique, donne : quels que soient les présidents de la République française, ils sont le même. Me serais-je trompé quelque part ?

16 Le cercle, une fabrique de liens

13 JUIN 1995. — *Hier, après une intense lecture nocturne du* Kama Soutra, *je tombai sur un étrange* Manuel d'érotisme géométrique. *Longtemps je restai en extase, caressant cette phrase inscrite en braille en exergue de l'ouvrage : « À trop caresser un cercle dans le sens du poil, il devient vicieux. » Cela fit tilt et me fit penser à une phrase du vieil Héraclite, ce philosophe grec mort recouvert de bouse de vache, dont il s'était fait enduire pour combattre l'hydropisie : « Car sur la circonférence, le commencement et la fin sont communs. »*

UN CERCLE, SON CENTRE. Posez la question : le second appartient-il au premier ? Beaucoup répondent par l'affirmative, autant par la négative, un nombre plus grand encore « ne sait pas ». Et le reste affirme que cela dépend de la définition. Ceux-là ont raison. Définition : le cercle est la ligne plane, fermée, constituée des points situés à égale distance d'un même point, appelé centre. La réponse est nette : le centre n'appartient pas au cercle dont il est le centre.

Le clochard rassembleur

Être essentiel à l'existence de quelque chose ET en être extérieur, c'est l'histoire que raconte le cercle. Tous les points du cercle ne sont semblables que parce qu'ils entretiennent le même rapport à un autre. Qui n'est pas un des leurs.

Ça ne vous rappelle pas quelque chose, cette fabrication indirecte, disons détournée, de liens ? Moi, cela me rappelle le métro. Le métro est le lien qui se tisse entre les voyageurs lorsque, sur une banquette, un clochard affalé ronfle tout son saoul.

Immédiatement, une obscène connivence faite d'échanges de regards complices et de sourires fats s'établit : nous sommes les mêmes parce que nous ne sommes pas comme lui ! Il pue, nous non. Dans son sommeil d'ivresse, le clochard s'est fait centre. L'odeur qui émane de lui a vite fait de construire un vide circulaire à l'orée duquel se tiennent les voyageurs « normaux ». Rassurés.

Maintenir à distance

Le centre, c'est le foyer, et le foyer nous rassemble et nous réchauffe, mais nous maintient à distance. Il est le lieu du collectif que nul ne peut occuper. C'est dans le rapport individuel que chaque élément installe avec le centre, que le cercle se fait. Et ce rapport est une distance. Autrement dit, c'est parce que les points sont distants du centre qu'ils peuvent être sur le cercle. Annulez le rayon, abolissez cette distance, c'est l'implosion ! Gare à l'omni-absence du centre.

De tous les points du cercle, celui avec lequel chacun entretient un rapport naturel est celui qui est en face, qui le regarde dans les yeux. Paradoxe, le « point diamétral » est de tous le plus éloigné. Ainsi vont les points du cercle, par paires diamétrales.

Cela remonte à loin : Thalès, dit-on, fut, au VIe siècle avant J.-C., le premier qui affirma que le diamètre coupe le cercle en deux parties égales.

Séparation contre encerclement

Les citoyens font cercle autour du centre. Qu'on occulte ce dernier, qu'il se fasse clandestin, alors c'est le trou noir ! Agissant dans le secret, il attire tout à lui…. Gare à l'omni-absence du centre !

Un cercle qui perdrait son centre, perdrait son sens. Si le cercle encercle, c'est sage mesure. Pour l'empêcher de s'échapper, il est condamné à la réclusion à perpétuité.

Et la droite ? Eh bien, elle aussi a besoin de la notion du « même » pour se définir. « Est droite une ligne qui est placée de manière égale par rapport aux points qui sont sur elle. » Mais, à la différence du cercle, elle ne fait pas appel à un être extérieur pour se fonder. Ses points entretiennent entre eux un lien direct.

La droite n'a ni début ni fin. Le cercle en a autant que l'on veut, mais où l'on placera l'un, on devra placer l'autre.

La droite sépare, le cercle entoure.

Et si l'homme porte une si grande affection à la droite, c'est qu'il a l'assurance que jamais elle ne pourra l'encercler.

17 Ni plus, ni moins, autant

27 JUIN 1995. — *Quand nous serons dimanche prochain, nous serons à mi-voyage, dans le mitan de l'année, autant de jours passés que de jours à venir.*

« Ceux qui n'en sont pas revenus, sont-ce exactement ceux qui y sont restés ? »

DEUX BOÎTES. NOIRES. Vous voulez savoir ce qu'elles ont dans le ventre côté quantité. Mais vous ne savez pas compter ; le « combien » vous est totalement étranger. Tout n'est pas perdu ! Vous possédez le « autant ». Outil sommaire, mais redoutablement efficace. Peu lui chaut la quantité elle-même, seul lui importe qu'elle soit la même. IL COMPARE... sans compter.

Affirmer que deux quantités sont les mêmes sans savoir quelles elles sont ! Qui peut le faire ? La bijection.

Ainsi font, font, font, tous les bambins Jourdain dès l'âge du jardin d'enfants : ils font des bijections sans le savoir. Ils apparient. Ils font des paires. C'est fou le temps qu'on passe dans la vie à faire des paires. Machin-truc, une jaune-une bleue, un garçon-une fille. Deux boîtes, celles du début ; allez-y, sortez de l'une un objet, au hasard, de l'autre pareillement. Recommencez. Jusqu'à épuisement de l'une des boîtes et pas de l'autre. La « vidée » confesse qu'elle possède moins d'éléments que sa consœur. Des deux boîtes ensemble ; par là, elles avouent qu'elles ont la même quantité d'éléments.

Bijection, passion

Définir une fonction *f* d'un ensemble E dans un ensemble F, c'est construire un procédé qui à tout élément *x* de E associe un et un seul élément *y* de F. On écrit : $y = f(x)$, *y* est l'*image* de *x* par *f*.

Inversons le sens de l'association, et supposons qu'à tout élément *y* de F on associe un et un seul élément de E et que ce soit justement *x*... Qu'aurons-nous *in fine* ? À tout *x* de E, son *y* de F, ET à ce même *y* de F, son *x* de E. Un double lien ; un dans chaque sens. Avec moi que toi, avec toi que moi. Une vraie paire ! Cette machine productrice de paires, voilà la bijection. C'est une correspondance *un à un*.

Autant le dire tout de suite, le mathématicien en raffole. Au point que pour lui, dès qu'il a pu mettre en bijection deux ensembles, il s'empresse de les considérer comme les mêmes d'un certain point de vue. De quel point de vue ? Du point de vue de la quantité, de la *puissance*, comme il dit.

Tous les ensembles du monde qui sont en bijection ont une chose en commun ; ils ont ce qu'on a envie d'appeler « le même *nombre* » d'éléments. Ce qu'une paire d'ailes et une paire de

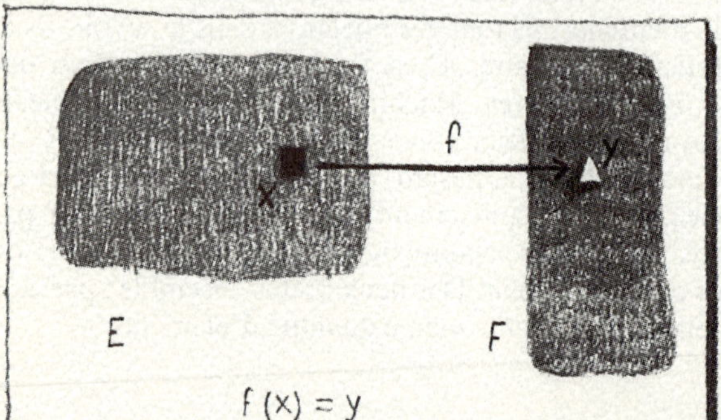

jambes ont en commun, c'est… deux ; c'est d'avoir deux éléments. Et qu'est-ce que le nombre « deux » ? C'est ce qu'ont en commun toutes les paires du monde. Voilà, grâce à la sommaire bijection, définie la si complexe notion de « nombre ».

Non seulement les nombres que nous connaissons, les entiers, mais d'autres, comme par exemple le « nombre » de nombres entiers, qui n'est pas un nombre entier. Ou le « nombre » de points d'un segment, qui n'est pas non plus un entier. Voilà comment l'« autant » a fini par produire le « combien ». Non seulement le combien fini, mais le combien infini.

La grande soif des nombres

On était prévenu, la bijection est un moyen sommaire mais redoutablement efficace. Et voilà que, benoîtement, dans son fonctionnement buté, elle nous réserve d'étonnantes surprises. Comme à peu près tout le monde, vous auriez pensé qu'il y a moins d'entiers pairs que d'entiers tout court, pairs et impairs réunis. Vous auriez même pensé qu'il y en a la moitié. Eh bien non, il y en a AUTANT ! Quoi ? Autant de pairs que de pairs ET d'impairs réunis ? Et vous vous étonnez ensuite que les gens aient des problèmes avec les maths ! Et il y a des preuves de ça. Il y en a !

Effondré, l'homme s'assit et grommela : « Tout fout le camp ! Et moi qui croyais que la partie était plus petite que le tout ! » Ce fut un déchirement. Juste avant de sombrer dans le sommeil de l'oubli, il se promit qu'un jour il irait voir du côté des rapports troubles que le Tout entretient avec ses Parties.

18 Femme-nombre

4 SEPTEMBRE 1995. — *À Pékin s'est tenue la IVe Conférence mondiale sur les femmes. 30 000 délégué(e)s représentant 170 pays. C'est, avec le sommet de Rio sur l'environnement, l'une des conférences les plus importantes, numériquement parlant, qui se soient jamais réunies. Les nombres…*

L'IDÉOGRAMME qui signifie « nombre » en chinois représente une femme les pieds liés. Car les hommes, dans les temps anciens, comptaient, paraît-il, chaque soir leurs femmes avant de se coucher. L'homme compteur, la femme comptée. Mais pourquoi les pieds liés ? Pour que l'homme, rassuré, s'endormît, un nombre dans la tête. Que faisaient les veilleurs ? Étaient-ils condamnés au célibat ? Et les insomniaques ? On raconte que, dans leurs couches moites, ils comptaient et recomptaient sans cesse, et jamais ne parvenaient au même nombre. Pour trouver le sommeil, le mouton convient mieux que la femme.

En Chine, il naît, allez savoir pourquoi, 118 et quelques garçons pour 100 filles. Ces 18 et quelques garçons en plus, sont-ce une taxe sur la différence des sexes ? TVA. Voilà bien le signe d'une valeur ajoutée.

Femme-calculatrice

Toi aussi tu comptes, tu passes même ton temps à compter. Tu as des nombres dans la tête, et quels nombres ! Des nombres qui comptent tellement pour toi. Ceux des jours et des mois. Des jours de tes règles, des mois de tes grossesses ; et les retards

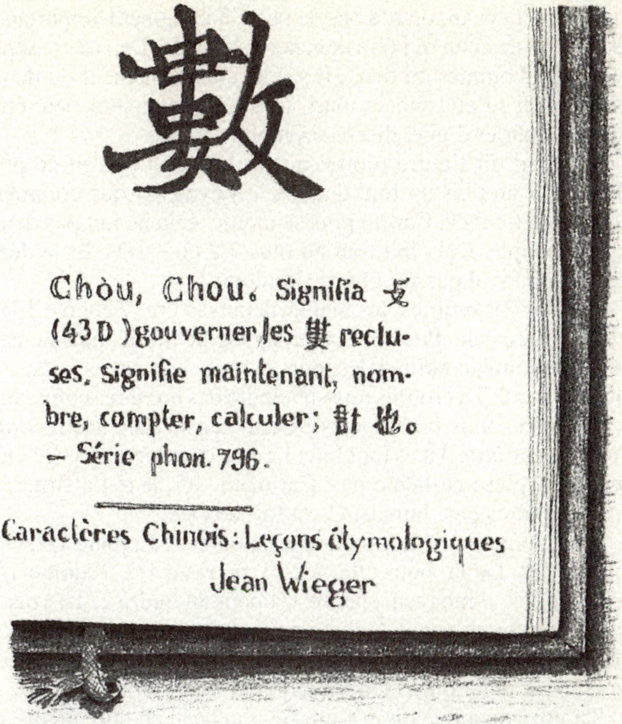

et les avances, tous ces écarts à ta propre norme, toutes ces entames à tes cycles, tu les guettes. Tu les souhaites ou les redoutes, signes annonciateurs de bonheur ou d'affliction. Les nombres, pour toi, sont d'abord émotion. Femme-calculatrice, tu paies cher tes erreurs de calcul.

La moitié de la moitié…

Un homme sur deux est une femme. La moitié du ciel donc, à quelques étoiles près. Quand on sait que la majorité commence à la moitié plus un, on n'a pas de peine à imaginer l'importance de celle ou de celui qui fera pencher la balance. Dans cette séparation des hommes en deux, il y a incontestablement du demi. Où le placer ? J'en connais, mari, amant, conjoint, moi, peut-être, qui, pour parler d'elle, disent MA moitié !

Aurait-il dit l'autre moitié qu'il n'y aurait pas eu de problème, car un plus un font deux. C'est avec MA que commencent les difficultés. Car lui plus sa moitié, cela ne fait pas deux, pas un couple. Cela fait tout au plus 3/2 (1 + 1/2). Et le demi restant, où est-il passé ? Qui l'a boulotté ?

Ajouter des moitiés, les maths, depuis le grec Zénon d'Élée, adorent faire cela. Pars de l'unité, ajoute la moitié, puis la moitié de la moitié, continue des jours durant, des années... Fais-le tout ton saoul. Tu croirais ainsi atteindre des nombres colossaux, des nombres tous faits pour s'inscrire sur la liste des records, l'infini peut-être. Tu as tout faux ! Tu ne dépasseras pas 2 ! Oui, deux. Pas plus ; et même pas. Car même lui, je te l'affirme, tu ne l'atteindras pas. Jamais. C'est fort de café.

De 1 pour aller à 2, il me reste à ajouter 1. J'ajoute 1/2, cela me fait 3/2. De là, pour aller à 2, il me reste 1/2. J'ajoute 1/4, cela fait 7/4 ; il me reste encore 1/4 pour atteindre 2. Tu vois se dessiner le processus ? À chaque étape, je n'ajoute que la moitié de ce qu'il faudrait pour faire 2. Pas besoin d'être un cador, alors, pour piger qu'à ce train-là je n'y arriverai jamais.

Tu vois, quand je dis MA moitié, j'ai beau en faire un tas, en remettre, cela ne marchera jamais. Un vrai deux ne se fait pas avec des moitiés. Mais avec deux uns intègres, bien distincts l'un de l'autre.

Ce n'est pas pour dire, mais qu'est-ce qu'on en a parlé de cette histoire ! Dans sa bonne ville d'Élée, en Italie du Sud, Zénon jonglait avec la *dichotomie*, quelque cinq siècles avant que Jésus-Christ ne le fasse avec sa *trichotomie*. L'un et l'autre étaient de grands créateurs de paradoxes.

S'aidant des précédentes considérations sur la moitié du chemin qu'il reste toujours à parcourir, Zénon en profita pour établir qu'aucune flèche jamais n'atteindra sa cible. Est-ce une si mauvaise nouvelle ? Pour l'amour et pour Cupidon, certes. Mais pour le cœur que la balle devait transpercer, mais pour le logis que l'obus devait pulvériser ?

Femme-mère, femme singulière

Les saints hommes qui font les lois, les hommes de loi, les hommes de froid, ne supportent pas d'être « trompés ». Les femmes qui leur ont fait le coup la sentirent passer. Et là, foin de Zénon, les cailloux qui devaient leur faire passer le goût d'aller aimer ailleurs atteignaient sang pour sang les beaux corps que d'autres mains que celles des lanceurs frigides avaient su caresser.

On ne lapide pas avec un seul caillou. À nouveau, le nombre. Celui qui tue, celui des projectiles et celui des mains qui les lancent. Femme adultère, combien de pierres pour t'achever ? Femme sorcière, combien de bûches pour te consumer ? Avec les corps des lapidées pour moellons et les cendres des brûlées pour mortier, combien de maisons élevées à la gloire des pisse-peu ?

S'il est un théorème constitutif, c'est bien celui-ci : quel que soit un humain, il est né d'une et d'une seule femme. On l'appelle LA Mère. Ainsi, la femme, on a beau lui lier les pieds ou n'en faire qu'une moitié, on n'a encore rien fait de mieux pour l'existence et l'unicité. Elle fait le Un, elle fait la Une.

19 La fracture algébrique

26 SEPTEMBRE 1995. — *Hier encore, deux ministres se sont émus de la fracture sociale. Un autre, M. Emmanuelli, avait déjà mis en place un « SAMU social ». Quelqu'un a même parlé de traumatisme !*

LES VIGIES AVEUGLES qui nous gouvernent, relayées par les observateurs borgnes chargés de nous dire l'avenir, nous annoncent qu'une fracture… s'est (déjà) produite. Merci ! Les pieds bien ancrés sur la rive stable, ils braillent : « Un morceau de NOTRE société fout le camp ! » Dérive des continents. Voilà que, détachée du continent primordial, se forme une Amérique sauvage qui prend le large. Et l'océan s'élargit.

Nombres rompus

Que ce soit pour un coffre ou pour un os, la fracture se fait par l'irruption d'une discontinuité violente. Idem pour les sociétés. Un corps qui se pensait un — n'était-ce pas là le projet et l'alibi démocratique — se découvre deux. Sait-on la proximité entre fraction et fracture ? Toutes deux viennent de *frangere*, rompre. Durant des siècles, les fractions étaient pensées comme des entiers fracturés, des *nombres rompus*. 1/2, n'est-ce pas l'unité cassée en deux ?

Réduire les fractures, réduire les fractions, réduire l'effraction.

Deux cas. Fracture causée par une violence extérieure. Un choc ! Le choc libéral. La société sonnée s'est fait péter les os. Fracture résultant d'une fragilité interne. Déficit de calcium.

Les deux fragments friables du cubitus social s'écartent chaque jour un peu plus. La société rachitique fracturée ne tient plus debout.

« Al-d'jabr ». L'art du rebouteur

On serait bien avisé de (re)lire un petit traité vieux déjà de onze siècles, paru dans le Bagdad des califes rationalistes, *Al-Kitabal-muhtasar fi hisab al-d'jabra-wa-I-muqabala*, écrit par Al-Djafar Mohamed ibn Moussa al-Khwarizmi. Ce traité a été composé pour « proposer aux gens ce qui leur est nécessaire pour résoudre les problèmes que posent leurs héritages, leurs testaments, leurs partages, les modalités de leurs contrats, leurs négoces, leurs transactions pour ce qui concerne la surface des terrains, le débit des eaux, les ouvrages d'art et autres ». Que veut Al-Khwarizmi ? Rien de moins que « rendre clair l'obscur, et simple le complexe ».

Ses armes : *al-d'jabr* et *al-muqabala* !

Al-muqabala, c'est la balance, l'équilibre, la mise face à face.

Al-d'jabr, c'est ce que fait le rebouteux : un petit coup à gauche, un petit coup à droite, jusqu'à ce que, les deux morceaux de l'os fracturé se retrouvant face à face, il puisse, en les rapprochant, réduire la fracture.

L'algèbre, que fait-on quand on en fait ?

Un problème, c'est d'abord une histoire qui met en jeu des objets et les liens qui les relient. L'objet recherché, commençons par le nommer. Comme on ne le connaît pas, puisque c'est justement lui qu'on recherche, on l'appelle momentanément « la chose », l'ancêtre de notre « petit *x* », l'inconnu. Puis il faut se débrouiller — là est tout le talent — à rendre compte de l'histoire qui concerne cette chose, en la mettant sous forme de deux expressions mathématiques représentant les contraintes auxquelles la chose est soumise, et qui font toute l'histoire. C'est la *mise en équation* du problème.

Deux expressions ÉGALES, mises face à face par *al-muqabala*, il faut les transformer, les simplifier, par le *d'jabr*, tout en maintenant le fléau de la balance en équilibre, c'est-à-dire en conservant l'égalité entre elles. Ajouter à droite, ajouter à gauche une même expression, ou bien la soustraire des deux côtés : « Si d'égaux on ajoute ou soustrait des égaux, les restes sont égaux », n'est-il pas ? En *al-djabr*, on ne cesse d'écrire différemment la même expression. C'est cela résoudre une équation.

Al-d'jabr est devenue « l'algèbre » ; Al-Khwarizmi, « Algorismus », qui a donné *algorithme*.

Quelle algèbre pour la fracture sociale ? La rebouter ? Rapprocher les morceaux et attendre. La réunion des os s'opère, paraît-il, spontanément, par l'intermédiaire d'un tissu neuf, le *cal*. Cal, comme calcul. Résoudre l'équation sociale. Attention, toutes les encyclopédies vous le diront, le cal ne peut se former que si les fragments de l'os cassé sont rigoureusement en contact.

Mais ça va coûter combien tout ça ?

Société repue cherche mafiateur pour dilatation de factures. Société rompue cherche rabouteur pour réduction de fracture. Raccourci de l'Histoire, passer en quelques mois des fausses factures aux vraies fractures. De la comptabilité à l'ostéologie, des bilans comptables aux bilans de santé.

20 Nul et non avenu

24 OCTOBRE 1995. — *Le Premier ministre Alain Juppé avait un fils qui était locataire d'une HLM, qu'il louait pas très cher ; conjointement, il était propriétaire d'un appartement qu'il louait cher, etc. Et en plus, son père, alors, avait décidé de lui baisser son loyer pas très cher, etc. Cela a failli faire une affaire. Le directeur du Service central de prévention de la corruption (SCPC), le procureur Challe, devait émettre un avis sur la chose. Avant même que l'avis ne fût émis, le garde des Sceaux, Jacques Toubon, qualifiait cet avis à venir de « nul et non avenu ».*

> « Ce qui n'est pas ne peut pas devenir quelque chose » (Parménide).

TE SOUVIENT-IL de cette phrase imp(r)udemment lancée par un garde des Sceaux au sujet d'un avis qu'il qualifia, avant même son émission, de nul et non avenu ?

Est non avenu ce qui n'est pas arrivé, ce qui n'a pas existé. Est nul ce qui vaut zéro. Le ministre précité se doutait-il qu'avec ces quatre petits mots il accomplissait, à reculons, une des plus extraordinaires histoires de la création humaine ? Le passage du non-être à la quantification, en un mot, il inventait le zéro. Confondant dans une formule à l'emporte-pièce ce qui avait pris des millénaires à se séparer.

Voici donc un quidam qui clame que ce qui va se passer plus tard… ne s'est pas passé et qu'en plus cela ne vaut déjà rien. Un mort-né valant que dalle ! Ce qui nous a permis d'assister en direct à un événement inédit : un avortement *post mortem*.

De la négation à l'affirmation. Une négation dynamitée et voilà que l'humanité passe de « il N'y a rien » à « il Y a rien » !

Un rien qui, d'exister, devient quelque chose. Dites-moi, une pierre tombale est-elle là pour signaler la présence du corps mort ou bien signifier l'absence de l'être vivant à jamais disparu ?

Parmi toutes les civilisations, quatre seulement ont inventé, chacune à sa façon, chacune pour soi, une *marque-qui-compte* pour signifier l'absence de quantité. Les Babyloniens, les Mayas, les Chinois et les Indiens.

Le zéro n'est apparu, et ne se justifie, que dans des numérations dites de *position*. C'est-à-dire dans des représentations écrites pour lesquelles la valeur d'un chiffre dépend de la position qu'il occupe dans l'écriture d'un nombre. Que vaut 1 ? Sûrement pas 2, ni 3, ni aucun autre chiffre. Mais il vaut cent, dix ou un suivant qu'il se trouve en troisième, deuxième ou première position.

Imaginons des colonnes successives pour matérialiser la place des unités, des dizaines, des centaines. Que les dizaines viennent à ne pas compter, comme dans « cent un » par exemple, on laissera la colonne vide. Cette place vide, au lieu de la maintenir inoccupée, on y déposera un petit caillou spécial, pour rendre bien visible précisément qu'elle est une place et qu'elle est vide.

Du zéro ostentatoire au zéro opératoire

Jetons les colonnes par-dessus bord, le caillou se fait point. Celui qui, dans l'écriture numérique décimale de « cent un », marquera le manque de dizaines. « 1.1 ». Ce point fut le premier zéro, le zéro ostentatoire. Gonflez-le, il devient rond ; celui qui s'insère entre les chiffres pour les empêcher de se coller, pour les empêcher de combler le vide qui les sépare. Il agit comme ce petit ballonnet que les chirurgiens immiscent dans une artère pour l'empêcher de se refermer, et pour permettre que coule le sang. Le zéro est ce qui s'insère entre les autres chiffres pour que puisse s'écouler la quantité.

Il y eut un second pas, de géant. Celui qui, du signe de l'absence, une non-valeur donc, fit passer à une valeur, à un nombre. Le zéro VAUT ! Un nombre semblable aux autres, disons presque semblable, avec lequel on pourra opérer, faire des calculs. Additionner, multiplier, soustraire. Mais, attention, ne pas diviser. Interdit absolu ; on ne divise pas par 0 !

Le dernier sera le premier

« Zéro est un nombre (entier). » Cette affirmation, on l'installe au début d'un système axiomatique pour définir l'ensemble des nombres entiers (positifs). Tous les autres nombres se déduisant de 0. Le 1, qui jusqu'alors faisait figure de père des nombres, ne viendra qu'en second, comme *successeur* de zéro.

Notre zéro est le zéro indien ; ils l'appelaient *sunya*, le vide. Traduit en arabe du IXe siècle, cela donna *sifr*, qui, traduit en latin quelques siècles plus tard, donna *zéphirum*, qui, traduit en italien quelques siècles plus tard, donna *zefiro*. On fit fi du « fi » et l'on eut *zéro*. Ce *sifr*, qui a bien failli ne pas advenir, donna son nom à la collection entière : les chiffres. 1, …, 9, 0. Nul et avenu !

En Grèce antique, la Pythie annonçait ce qui devait arriver. De nos jours, les « Voix », campées dans le présent, se projettent dans le futur pour annoncer que ce qui arrivera n'est pas arrivé. 1984 et caetera. Quand même, il y a des moments de l'Histoire où le vide bat son plein !

21 Nier et re-nier

7 NOVEMBRE 1995. — *Entre les propositions du candidat Jacques Chirac et les actions du président de la République du même nom, il y a plus qu'une différence. Est-il outré de déclarer que les secondes sont contraires aux premières ?*

DANS *LA RÉPUBLIQUE*, Platon parle d'« un homme qui n'est pas un homme, voyant et ne voyant pas un oiseau qui n'était pas un oiseau, perché sur un bois qui n'était pas un bois, [qui] jeta et ne jeta pas une pierre qui n'était pas une pierre ». Bon, machin ET non-machin. Nous, nous avons aujourd'hui, installé au sommet de la République, un président qui ne confond pas une assertion et sa négation ; lui peut dire : « Un homme voyant un oiseau perché sur un bois qui jette une pierre. » Et nous ne serions pas satisfaits ? ! Vérité-fausseté. Une jolie paire qui, dans notre logique, repose sur la négation. Mettons-nous d'accord au moins sur cela : si une proposition A est vraie, sa négation (non-A) est fausse, et inversement. Avec ça, déjà, on peut aller loin. Et en revenir.

Le minimum que l'on demande à une construction intellectuelle, une théorie, un système, une doctrine, est de se soumettre au principe de *non-contradiction* : une assertion et sa contraire ne peuvent être vraies à la fois. Pourquoi ? Parce que, et on le prouve en science logique, si on affirme une seule chose et son contraire, alors on peut TOUT affirmer. Toutes les assertions deviennent vraies et fausses à la fois. Elles sont tout bonnement *absurdes*. Le chaos ! Le système dans lequel a été décelée une absurdité, rongé par ce cancer logique, se disloque, incapable qu'il est de trancher entre le vrai et le faux, sa fonction de vérité irrémédiablement fusillée !

Priorité à la priorité

> « La réduction du chômage est la priorité » (février 1995).
> « La réduction des déficits est la priorité » (octobre 1995).
> Deux affirmations du président.

Être en *priorité*, c'est être avant toute autre chose. Si une chose est « en priorité », cela implique que toutes les autres ne le sont pas.

Dans sa dernière intervention, le président n'a pas du tout déclaré que la réduction du chômage n'était pas la priorité, surtout pas, pas un mot là-dessus. Il a seulement affirmé que la « réduction des déficits est la priorité ». De cette assertion il s'ensuit logiquement qu'elle vient avant toute autre chose, donc avant la réduction du chômage, qui du coup vient après. Et si celle-ci vient après quelque chose d'autre, c'est qu'elle n'est pas la priorité. Ainsi, « la réduction du chômage n'est pas la priorité », c'est le président qui (ne) l'a (pas) dit. CQNFPD, ce qu'il ne fallait pas démontrer ! 9 mois pour enfanter le contraire, 1 minute pour affirmer que le contraire c'est la même chose ! Grossesse nerveuse.

Exclure le tiers exclu

Attention, ne pas confondre le principe de non-contradiction et le *tiers exclu*. Ce dernier exclut, pour toute assertion, une tierce possibilité ; il la contraint à n'avoir pas d'autre possibilité que d'être vraie ou que son contraire le soit. Dit autrement : une proposition et sa contraire ne peuvent être toutes les deux fausses. Dit autrement encore : d'une proposition et de sa négation, l'une au moins est vraie. Pas d'autres possibilités.

Si l'on admet cela, on dispose de deux voies pour démontrer la vérité de A ; la voie directe : A est vraie ; la voie indirecte, (non-A) est fausse. Les mathématiciens de l'école *intuitionniste* refusent cette seconde voie. Et moi ? Est-ce que je la refuse ?

Proclamons que :
— la négation tisse avec l'affirmation des rapports troubles ;
— la négation de la négation est bien plus que l'affirmation, ou bien moins ;
— nier et re-nier est loin d'être simple.

Ah, l'habile formule « Va, je ne te hais point », que tout amant logicien sait si bien traduire par « Je t'adore et suis fou de toi » ! Que valent deux négations ? Ce n'est pas parce que je rejette ceci que je dois systématiquement admettre sa négation.

Ni A ni (non-A) ! Halte à l'exclusion du tiers !

Chœurs, années 80 et 90. Fin de millénaire

« On ne peut rien faire d'autre que ce que l'on fait, et qui ne marche pas, parce que si on faisait le contraire cela ne marcherait pas non plus. » Fermez le ban !

Une opposition — qui était la majorité — censée dire le contraire de ce que dit la majorité, qui était l'opposition, et disant la même chose qu'elle, et le disant depuis dix ans. Un président de la République disant le contraire de ce qu'il avait dit, ce qui lui fait dire la même chose que ceux qui disaient le contraire de lui. Y a-t-il encore place ici pour une négation, du « non », ou du « ne… pas », dans ce discours qui nous rend sourds ? Un monde sans non, brrr ! !

Pour prouver qu'il n'y a qu'une seule politique, la pensée unique s'éreinte à démontrer que la négation de la politique qu'elle applique est… cette politique elle-même. Hallucinée qu'elle est par cet apophtegme : quand tu es dehors, tu es dedans.

Question : peut-il y avoir deux « pensée unique » ? Sans « s » !

22 Intégration, sans sommation

21 NOVEMBRE 1995. — *Le programme « d'intégration » urbaine, qualifié de « plan Marshall » pour les banlieues, a été retardé, parce que les services de Matignon n'étaient pas prêts.*

« Je considère les quantités infinitésimales comme des fictions utiles » (Leibniz).

APRÈS L'ÈRE DE L'EXCLUSION, voici venu le temps de l'intégration. Comment ça marche ? D'abord exclure. Puis constater la fracture qui en découle. S'en désoler. Ensuite, afin de réduire icelle, intégrer ce que l'on a exclu. Et s'étonner que cela ne marche pas.

Vieille habitude historique ; chaque fois qu'on incante l'intégration, c'est que c'est mal parti pour elle. Scénario : les populations locales veulent s'intégrer, on refuse, et violemment. Alors elles décident de se séparer, et violemment. Alors on décide de les intégrer, violemment ! Du temps de « l'Algérie française », on nommait cela « politique d'intégration ». Vous connaissez la suite. Et voilà qu'on refait avec les banlieues ce qu'on avait fait avec les colonies.

D'après les grandes théories sociologiques et politiques, l'intégration « suppose une interdépendance harmonieuse des termes intégrés, à la manière de celle qui prévaut entre les parties d'un être vivant ». Interdépendance harmonieuse, j'adore.

En politique, l'inverse de l'intégration, c'est l'exclusion. En mathématiques, c'est la différentiation

Intégral. Le mot, et la chose, ont terrifié des générations d'étudiants et continuent de les terrifier. Un chanteur des années 60, Évariste, en a même fait un tube : *Le Calcul intégral*. Pour comprendre l'intégration, il faut passer par la *différentiation*. Si l'on veut connaître une courbe, les mathématiques disposent de deux voies (au moins) : le tracé, le calcul.

On peut la tracer directement point par point en en faisant naître la *figure*. C'est ce qu'on faisait avant, à la main, c'est ce qu'aujourd'hui on fait à l'ordinateur. Mais on peut aussi utiliser le calcul. Si l'on veut savoir ce qui se passe aux alentours d'un point de la courbe sans avoir à la tracer, savoir si elle croît ou non, connaître sa direction, sa courbure en un point donné, déterminer en quels endroits elle culmine, détecter ses maxima et ses minima, ses points d'inflexion, ses points de rebroussement, etc., déterminer ses tangentes, si l'on veut connaître toutes ces choses, on « dérive ». Cette opération constitue l'immense domaine des dérivées et des différentielles.

Reprenons la même courbe. Posons-nous d'autres questions à son sujet. Quelle est sa longueur ? Quelle est l'aire de la surface qu'elle enclôt, etc. Pour le savoir, il faut « intégrer ». Cette opération constitue le domaine des intégrales et des primitives.

Différentiation, intégration. Que de problèmes vont-ils permettre de résoudre ! Et voilà qu'en plus on découvre que l'une est l'inverse de l'autre, que l'intégration, la dernière venue, est l'opération inverse de la dérivation. Sacrée découverte ! Voilà installé le duo qui fonde le calcul infinitésimal, le couple roi de ce domaine des mathématiques que l'on nomme *l'analyse*.

Avec une « bonne » fonction, on peut toujours différentier. Ça prendra le temps que ça prendra, mais on est assuré qu'on y arrivera. C'est une opération mécanique ; il suffit d'appliquer certaines formules pour parvenir au résultat.

Rien de tel avec l'intégration. Dès 1684, Leibniz, le père fondateur du calcul intégral, nous avertit que cette opération « n'existe pas toujours » : on n'est jamais assuré de pouvoir intégrer une fonction donnée. Les mathématiciens, on le voit, se trouvent confrontés aux mêmes difficultés que les politiques. Pour aller ça va, mais pour revenir…

Pour avoir quelque chance d'intégrer, déclare le mathématicien, il faut savoir comment on a différentié. Et dans le corps social, est-ce en sachant comment on a exclu qu'on aura quelque chance de savoir comment intégrer ? Question : comment, diable, s'y est-on pris pour exclure tous ces gens-là ? Oh, pas d'un coup ! C'est plus subtil que ça ; bribes par bribes. Infinitésimalement.

Les infinitésimaux

C'est chaque fois pas grand-chose, mais ce n'est pas rien. Et Leibniz de se rebeller contre ceux qui rejettent les quantités infiniment petites « comme si elles n'étaient rien ». Pour le regard intégral, une aire, en fait, ce sont des lignes, plein de lignes. Oui, mais vraiment plein, pour tout dire une infinité. Allons-y ; l'aire d'une figure est une « somme » d'une infinité de « lignes », qui ont chacune une surface presque nulle. Cette quasi-infinité de presque-zéros parvient à produire quelque chose ! C'est ce qu'on appelle « sommer ». Étrange opération que cette sorte d'addition qui ne se contente pas d'ajouter un nombre fini de bonnes quantités bien définies, mais qui ajoute une « infinité » d'éléments infimes, pour les totaliser en une somme finie.

Avec ou sans sommation

Un petit rejet par-ci, un infime rabrouement par-là, un minuscule rembarrement hier, une imperceptible rebuffade demain, et chaque jour d'insignifiantes humiliations… Des riens. Mais l'imperceptible a été perçu, l'invisible aperçu, le minuscule ressenti. Sommer tout cela ! Dégoûté, écœuré, rebuté, refoulé, éconduit, recalé. Sommer tout cela !

« Intégrale » vient d'*integer* — qui veut dire « entier », c'est-à-dire un nombre « pas rompu » — qui a donné « intègre », dont l'inverse est « corrompu ».

Une « infimité » sommée à l'infini, qui finit par faire quelque chose de bien défini. C'est cela l'intégration.

23 Perpète

5 DÉCEMBRE 1995. — *Le plan Juppé pour (ou contre ?) la Sécurité sociale est parvenu en quelques jours à immobiliser presque totalement les transports publics. Étonnement, les « gens » ont fort bien accepté la chose ! Même ceux qui habitent à perpète.*

« Ça bouge, ça bouge ! Même à Perpète. Ça pète ! »

CES DERNIERS TEMPS, les transports sont assez difficiles. Aller d'un point à un autre ne va plus de soi. D'autant que j'habite à perpète. Non, je n'y suis pas né, je n'en suis pas un indigène. Avant, j'habitais un peu n'importe où, à droite, à gauche. Jusqu'à il y a un an ; et il y a un an, un matin, je me suis dit : si j'habitais à Perpète ! Petites annonces, je lis : « Environs de Perpète. À louer, etc. » Environs ? Ils en ont de bonnes, « environs » ; ça fait combien de kilomètres, environ ? Si au moins ils avaient mis « environs immédiats », mais ça n'aurait rien changé : près de Perpète, c'est pas Perpète. Vous m'entendez dire à mes collègues : « J'habite près de Perpète » ?

Perpète, c'est loin de tout. Mais, si c'est loin de tout… ah, le salaud, je vais te lui foutre un procès pour annonce mensongère, parce que si c'est loin de tout, les environs de Perpète, c'est loin de Perpète ! C'est peut-être « des environs », mais sûrement pas de Perpète. Non, moi, c'est Perpète ou rien !

Ce ne fut pas rien. Voilà comment je me suis retrouvé habitant un petit pied-à-terre à Perpète. Un seul problème : les voisins ! Ils sont très bien ; la seule chose que je ne supporte pas chez mes voisins, c'est qu'ils habitent à côté de chez moi.

Voisinage

La notion de voisinage est une des notions fondamentales de la topologie ; domaine des mathématiques, tout juste centenaire dans sa formulation moderne, qui traite des frontières, de la continuité, des bords, des limites… Science de la situation ; *analysis situs* fut son premier nom. On y développe et formalise des notions comme celle d'ensembles ouverts, fermés, connexes. On y parle de compacité et d'adhérence, de recouvrement, on traite du nombre de tours que peut faire une courbe autour d'un point, etc.

Plongé dans un opuscule topologique, j'y redécouvre avec ravissement le problème du *retournement de la sphère*. Non pas la retourner la tête en bas, mais la retourner dedans-dehors, comme on dit qu'on retourne un gant. Problème : soit une sphère. Mettre la surface externe à l'intérieur et l'interne à l'extérieur SANS pratiquer la moindre coupure, le moindre trou ni le moindre pli (mais en autorisant les recoupements). Impossible !

Je me trompais. La topologie m'affirmait que c'était fichtrement possible. Plus, l'opuscule me présentait la marche à suivre pour le faire effectivement.

À propos de retournement, j'en ai appris une bien bonne, qui concerne toujours la sphère, mais la sphère politique. Écoutez, la science topologique nous affirme qu'un individu peut enlever sa veste sans ôter son manteau ! Oui, oui. Une révélation ! Je comprenais enfin pourquoi certains hommes politiques peuvent sans cesse retourner leur veste… sans jamais attraper froid.

La solitude

L'intérêt du point de vue topologique des voisinages est que chacun peut avoir des tas de sortes de voisinages. On n'est pas voisin tout court, mais voisin pour quelque chose. Tu vois, mon frère, tu es mon voisin pour ceci, mais pas pour cela. Tu es mon « voisin politique », mais pas mon « voisin esthétique » ;

d'ailleurs, je te le dis tout le temps : « Tu penses bien, tu manifestes bien, mais question peinture, tu as un fameux goût de chiotte ! » Ainsi chacun d'entre nous navigue dans des tas de voisinages, qui parfois se recoupent, parfois non. Le voisin de mon voisin, est-ce aussi mon voisin ? Ce soir-là, en rentrant à Perpète, pour savoir où j'en étais dans la vie, je me demandai : « Quels sont tes voisinages ? »

Seul dans la boule

En maths, un des systèmes de voisinages de M est constitué par la famille des boules de centre M et de rayon *r* : B (M, *r*). Chaque boule étant l'ensemble des éléments situés à une distance de M inférieure à *r*.

Et dans cette boule, à part moi, il peut arriver qu'il n'y ait personne d'autre. En maths, alors on dit que M est « isolé », oui, comme dans la vie. Un élément est isolé si on peut édifier autour de lui une boule dans laquelle il n'y a aucun autre que lui. Boule ou pas, une chose est sûre, à Perpète ou ailleurs, pour

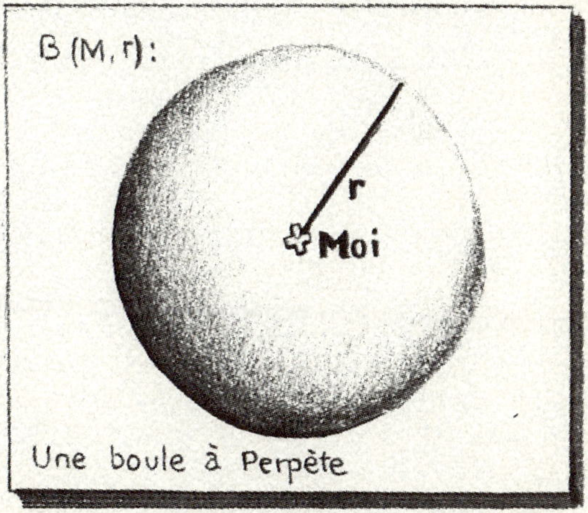

tous les voisinages possibles, je suis mon plus proche voisin. J'ai intérêt à bien m'entendre avec moi.

Expansion de l'univers

Prends un ballon, dessine des points dessus. Mesure les distances entre les points. Souffle dans le ballon. Mesure à nouveau les distances. Compare. Toutes les distances ont augmenté ! Chaque point s'est éloigné de tous les autres ! Expansion de l'univers. Ça donne quoi avec les gens ? Théorème : ce n'est pas parce qu'on s'éloigne de quelqu'un qu'on se rapproche de quelqu'un d'autre. On peut s'éloigner de tout le monde à la fois. Gaffe ! Moi je vous dis, si ça continue à gonfler, on va droit vers la solitude.

Mais… la solitude, ça n'existe pas, n'est-ce pas Léo ? Que ni Dieu ni maître t'entendent !

P. S. Juste une réponse. Pourquoi Perpète et pas Pétaouchnock ? Parce que *peta*, en maths, c'est exactement 10^{15}, un million de milliards… Alors que perpète, c'est beaucoup plus ailleurs.

24 Ô plan, suspends ton vol…

10 JANVIER 1996. — *Le plan Juppé sur la Sécurité sociale a été suspendu suite aux mouvements sociaux, comme on dit, de décembre 1995. Suspendu mais pas retiré.*

> « Je recommande à ceux qui entreprennent l'étude de la géométrie et de l'astronomie d'y appliquer leur peine et d'y mettre toute leur intelligence, car je dis que si ces disciplines ne peuvent en aucune manière les rendre meilleurs, elles ont au moins ceci de bien qu'elles détournent les jeunes gens de faire toutes leurs polissonneries » (Isocrate).

JE NE SAIS PAS SI VOUS VOUS SOUVENEZ. Moi si, c'était l'an dernier début novembre, déjà deux mois. Au moment où j'apprenais l'accueil unanimement bienveillant offert au PJPSS (Plan Juppé Pour la Sécurité Sociale) par tous ceux qui comptent dans le pays : les politiques de la première droite, les intellectuels de la deuxième gauche et les syndicats du troisième type, à ce moment donc je me trouvais par hasard lancé dans la lecture d'un petit opuscule vieux de trois siècles et demi, *Brouillon project d'une atteinte aux événements des rencontres du cône avec un plan*, de Girard Desargues, un bien subtil géomètre lyonnais. Ébaubi, sous mes yeux l'histoire des sciences et l'actualité se mêlaient délicieusement.

J'avais le plan. Qui serait le cône ? Où auraient lieu les rencontres ? Que serait cette atteinte ? Quels allaient être les événements ? C'est dire si j'étais captivé. Les questions pleuvaient. C'était bon.

Brouillon était-il employé au sens du XVIe siècle : « celui qui met le trouble, le désordre, dans les affaires » ? ou bien à celui du XIIIᵉ : « ce qu'on écrit d'abord avec l'intention de le corriger par la suite » ? Je découvris que le PJPSS n'était pas du tout un brouillon dans le second sens, mais bel et bien dans le premier. Son auteur n'avait en effet nulle intention de le corriger ; la chose était, affirmait-il, définitive, coulée dans du bronze. Par contre, question « mettre le trouble et le désordre dans les affaires », c'était réussi.

Un matin, c'était le 20 décembre, j'étais encore plongé dans l'opuscule de 1639. Soudain je lus, écrit dans cette belle langue du XVIIᵉ, ceci : « le but d'une ordonnance de droites… » Ça me disait quelque chose, j'attrapais au vol le journal du jour, et je lus, écrit dans la langue efficace du XXᵉ, cela : « le but des ordonnances de droite… » Je crus rêver, relecture. Ouf, le pluriel avait changé de place, le « s » avait mis 350 ans pour passer d'un mot à un autre. Desargues parlait du point d'intersection d'un faisceau de droites dans un espace ouvert, alors que le journaliste nous entretenait d'une géométrie confinée à un hémicycle clos sur lui-même.

Cône. Solide pointu, un sommet et deux nappes

S'il est un solide pointu, c'est bien le cône. Mais le cône de tout un chacun est la « moitié » de celui des mathématiciens, qui est constitué de deux nappes s'étendant de part et d'autre du sommet. Cette *rencontre*, dont parlait Desargues, et avant lui Apollonios de Perga (IIIᵉ siècle avant J.-C.), produit les *coniques*.

Prenez un cône, coupez-le par un plan. Suivant l'inclinaison du plan, cela donne un cercle, une ellipse, une parabole, une hyperbole et même un couple de droites.

Voilà pour le cône. Et le plan ?

« Plan se dit d'une surface, idéale, sans aspérité ni inégalité d'aucune sorte et qui ne présente de courbure en aucun de ses points. » On croirait la phrase sortie d'un dictionnaire. Elle l'était : Grand Robert 1980, t. 5, p. 239. Quelques lignes plus bas, cette autre définition : « Surface contenant entièrement toute droite joignant deux de ses points. » Quant à « idéal », chacun sait qu'il s'agit d'une « limite empiriquement inaccessible ». Le PJPSS serait donc une surface limite empiriquement inaccessible. « Qui ne présente de courbure en aucun de ses points » signifie : je dispose d'un plan, enfin, moi ou quelqu'un d'autre, je pique deux points quelconques dessus, je tire une droite passant par iceux, eh bien icelle est entièrement contenue dans le plan ! Exercice de géométrie politique, question 1 : prenez deux points du PJPSS, joignez-les. La ligne qui les joint, etc.

Le plan contre l'espace

En bonne géométrie dans l'espace, trois points — s'ils ne sont pas sur la même ligne — définissent un plan. Exercice, question 2 : citez trois points *définissant* le PJPSS.

Et deux droites ? Deux droites qui se coupent ou qui sont parallèles définissent un plan. Et deux droites quelconques, non ! Elles définissent l'espace ! Dans l'espace, deux droites peuvent ne rien faire ensemble, ni se couper, ni être parallèles ; elles peuvent tout bonnement passer sans se voir. Qu'elles ne soient ni semblables ni sécantes agrandit l'univers géométrique.

Un plan. Si t'es dedans sans même imaginer qu'il y a un dehors, si t'es dans la bulle, quoi, une bulle plate : tu fais de la géométrie plane. Si, en revanche, tu regardes ce plan du dehors, parce que tu ne veux pas, disons, t'aplatir pour n'être qu'une surface et puis parce que tu penses qu'il y a d'autres plans. D'AUTRES PLANS ! Alors, tu fais de la géométrie dans l'espace. Jonathan Livingstone le goéland. Tu planes, mais dans l'espace. C'est une question de dimensions ; ou bien tu penses dans un monde à deux dimensions, ou bien tu te déploies dans un monde qui en a trois. C'est exactement ce qui vient de se jouer en ce décembre où je lisais le *Brouillon project* écrit en 1639, la surface contre le volume, le plan contre l'espace, le plane contre le plein.

25 Un seul maître vous manque…

23 JANVIER 1996. — *Le 4 janvier s'éteignait François Mitterrand, cinquième et sixième président de la Ve République. Cette disparition, qui vit fleurir un surprenant consensus, certes temporaire, concernant la personne du défunt, faisait suite à un mois de décembre tumultueux, où les oppositions furent vives entre une majorité de la population favorable au mouvement de grèves et une minorité qui digérait mal qu'une majorité de la population soit favorable au mouvement de grèves.*

« Immortels mortels, mortels immortels, ceux-là vivant la mort de ceux-ci, ceux-ci mourant la vie de ceux-là » (Parménide).

IMMÉDIATEMENT après ce long décembre de dissensus, un surprenant janvier de consensus s'est abattu. Et nous de débuter l'année, l'œil rivé sur un corps mort, dernier cadeau d'un président à une société qu'il avait voulu pacifiée jusqu'à l'anesthésie.

Une fois encore l'histoire des sciences percutait l'actualité. Voyez. Dans tous les journaux, on faisait aux fleurs la part belle ; il n'était question que de roses rouges, de roses thé, d'iris. Parallèlement, j'étais, encore ! plongé dans le *Brouillon project d'une atteinte aux événements des rencontres du cône avec un plan*, écrit, en 1639, par Girard Desargues dans un superbe vocabulaire végétal. Il y était question de rameau, de tronc, de nœud, de brins, pour exprimer de solides notions de géométrie. Pour avoir osé un tel vocabulaire, l'auteur fut accusé de « mal parler en mathématiques ». Dites-le donc avec des fleurs !

Ligne de fracture contre point de suture

Hormis cette terminologie bucolique, qu'a entrepris le sieur Desargues ? Au plan, il a ajouté un point dans chaque direction. Seulement cela ? Mais un point qu'il a implanté… *à l'infini* ! ! Une hardiesse. Par sa situation hors-lieu, ce point remplissait une fonction précise : assumer l'obligation à la rencontre. Dans ce plan plombé aux confins, il devenait impossible à deux droites de ne pas se couper. Vous ne vous coupez pas ici, ou là, ou là, vous ne vous coupez en aucun lieu commun ? Vous vous couperez donc là-bas ! Toutes ces parallèles qui sous nos yeux affectent avec entêtement de maintenir constante la distance qui les sépare, iront là-bas se rejoindre. L'antique démarcation entre parallèle et non-parallèle s'estompait.

Je ne sais pas pourquoi, cela m'a fait penser au mort présidentiel, qui en un rien de temps était devenu le lieu où toutes les lignes, politiques et sentimentales, se rejoignaient… devant les caméras.

D'un côté, la fracture sociale, ligne frontière bien réelle, de plus en plus infranchissable (dans un sens) ; de l'autre, un point consensuel, hors-champ politique, où tous se rejoindraient. Une façon de loger à moindre prix dans la maison commune, pour le temps des funérailles, les sans-domicile. Fracture contre suture.

Descartes contre Desargues

Au même moment, je veux dire dans l'année 1637, apparaissait une nouvelle façon d'envisager la géométrie. Un court traité de René Descartes, la *Géométrie*, proposait d'« exécuter sur des nombres ce que les Anciens faisaient sur des figures ». Programme révolutionnaire qui proposait rien de moins que d'abattre la séparation entre les deux grands domaines des mathématiques : arithmétique-algèbre, d'une part, géométrie, de l'autre.

Toute forme est faite de points, soit. Soyons capable d'identifier chaque point, on connaîtra la forme qu'ils composent. Comment connaître un point ? En le localisant par un système de nomination. Cette façon de « voir » les formes institue la *Géométrie analytique*.

Ce que, depuis Ptolémée, on faisait avec la géographie, on allait le faire avec la géométrie. Les lieux de l'espace géographique étaient identifiés par le couple latitude-longitude, les points de l'espace géométrique le seront, désormais, par le couple abscisse-ordonnée, ses coordonnées. Bataille navale : (A, 8), (B, 7). Coulé ! Pour pouvoir repérer, il faut partir de quelque chose, une origine. Où la placer ? Ptolémée la fixa à l'équateur, qui devint la latitude zéro, et il plaça la longitude zéro aux Fortunées (les îles Canaries).

Et pour la géométrie ? N'importe quel couple de droites sécantes fera l'affaire : les fameux axes de coordonnées. Ils sont le repère à partir duquel tous les points seront identifiés.

Espace balisé, étendue littéralement quadrillée, géométrie algébrisée.

Dans les écoles, on n'apprend plus que cela. C'est follement efficace. Plus de formes tangibles, mais des fonctions, des graphiques, des nombres.

L'équation remplace la vision

L'avantage ? Soulager l'imagination ! Plus besoin d'imaginer, seulement calculer. Voir dans l'espace ? À quoi bon, cela ne sert plus à grand-chose. Des fonctions qui fonctionnent, des équations qui équationnent. Une formule, n'est-ce pas la forme d'un calcul ? L'efficacité redoutable de l'algèbre va s'emparer des formes géométriques, s'accompagnant d'une prise en main de l'espace rendu calculable et opératoire.

Nous voilà, trois siècles plus tard, face à deux conceptions de la géométrie, c'est-à-dire, d'une certaine façon, ce dans quoi nous nous mouvons. L'une proposant un espace considéré comme un contenant, abritant des formes numérisées offertes à toutes sortes de « traitements », informatisés, pour la plupart, aujourd'hui. L'autre, se déployant dans un espace habité, peuplé de formes fermes, résistantes et consistantes, rebelles à toute réduction numérique.

Une logique face à une esthétique…

Des roses rouges, des roses thé, et des iris.

26 Des anonymes à l'inconnue…

6 FÉVRIER 1996. — *À Jarnac, la foule défile. Sur la place de la Bastille, elle stationne, pour rendre hommage à l'ex-président mort. Pendant ce temps, le président vivant voyage. Il s'arrête à Niort dans les Deux-Sèvres.*

> « "Je viens de la Terre ! Je m'appelle Jonathan Williams.
> — Oui, je sais", dit M. Xxxx avec bonté, et il tira » (Ray Bradbury, *Chroniques martiennes*).

ALORS QUE JE TENTAIS de prendre de conserve la mesure du *peuple anonyme* de la Bastille et celle de la *foule des anonymes* de Jarnac, hommage au président mort, j'appris que le président vivant avait, lors de son voyage dans les Deux-Sèvres, dîné dans un restaurant de Niort, avec… QUINZE ANONYMES [1] ! Dont UN cordonnier !

D'un côté, amassée sur une place de la capitale, une pluralité indéterminée, rebelle à tout comptage. Allez donc évaluer un *peuple anonyme* ! Il défie le nombre, car justement il ne peut être comptabilisé comme multiplicité de uns. Plus qu'innombrable, non nombrable.

De l'autre côté, un nombre, claironné, qui s'affiche. Mais pourquoi 15 ? Les œufs et les apôtres d'un repas presque aussi célèbre que celui de Niort se comptent par douze. Mais, c'est bien sûr, j'avais la solution : 15 anonymes plus 1 connu, Juppé, ça fait 16. Qui est un carré parfait, le carré parfait d'un carré parfait. « Parfait ! », tel était donc le sens du message qui nous

1. Lors d'une des manifestations de décembre 1995, une immense banderole ouvrait le cortège : « NOUS SOMMES LE NOMBRE. »

venait de Niort, qui, comme chacun sait, est la capitale de la Mutualité, qui est une assurance au carré. On nous ré-assurait donc que c'était parfaitement parfait.

Mais pourquoi UN cordonnier ? Minitel. Niort, cordonnier ? À Niort même, il y en a 12. Et 36 exactement dans les Deux-Sèvres. 36 ! Encore un carré parfait ! Le gars de Matignon qui fait la com du Premier ministre est vraiment un as. Chapeau !

Comment a été choisi l'anonyme cordonnier ?

Facile. Car un anonyme n'est pas un sans-nom, mais un « privé de nom ». Privé par qui ? et pourquoi ? Hormis les amnésiques, et encore pas tous, chacun a un nom, qu'il connaît sur le bout des doigts. Commençons par distinguer deux sortes d'anonymes. « Le volontaire » qui tient à garder secrète son identité ; dans cette catégorie, signalons le « corbeau », l'envoyeur de lettres non signées. Et « le contraint », celui à qui l'on ôte son nom, le déplumé, le dé-nommé…

Comment d'un nommé faire un anonyme ? Facile encore. Dans un rayon, prenez des boîtes de conserve bien étiquetées. Décollez les étiquettes. Vous venez de fabriquer des boîtes de conserve anonymes ! Idem pour les cordonniers.

Une algèbre multicolore

En maths, c'est tout le contraire des boîtes de conserve : on a des inconnues et on s'escrime à mettre des étiquettes dessus, pour les identifier. Tiens, « inconnue » est au féminin. Le continent noir, la belle inconnue, poésie des maths… Est-ce parce que la quasi-totalité des mathématiciens, morts ou vivants, sont des garçons qu'ils ont fait fille le non-connu ? Sans inconnues, en tout cas en algèbre, pas de problèmes.

Oui, mais quand il y en a plusieurs, comment les différencier ? À cette question, les mathématiciens indiens du VIIe siècle ont donné une réponse picturale : les couleurs. Ils ont inventé les inconnues colorées ; la 2e sera *noire*, la 3e *bleue*, *jaune* la 4e, *blanche* la 5ᵉ, et *rouge* la 6ᵉ. Malheureusement, cette algèbre multicolore qui aurait égayé nos tristes cours ne dura pas.

Aux couleurs, les mathématiciens arabes du IXᵉ préférèrent la *chose*. Ils nommèrent l'inconnue *chai*, la chose. Latinisée, elle devint *cosa*. Voilà pourquoi, durant des siècles, l'algèbre sera *l'art cosique*, l'art de la chose. Dans les romans fantastiques, la « chose », c'est l'informe, ce qui échappe à l'entendement, l'objet, l'être qu'il s'agit de détruire ou d'apprivoiser. En algèbre, on se contente de l'identifier.

J'ai un problème

— Je recherche un objet.

— C'est un peu court, jeune homme.

— Mon objet fait ceci et puis cela. Et je sais aussi qu'il possède cette propriété-là.

— C'est mieux. Cette *chose* que vous recherchez, avant tout, il faut la nommer.

— Impossible, puisque justement je la cherche.

— Comment voulez-vous que je fiche quelque chose avec votre chose si je ne lui donne pas un nom ?

— Inscrivons-la sous un nom temporaire.

— Adjugé !

Et quand on aura déterminé la chose, on troquera son nom provisoire contre son nom propre.

Pour la nommer, les mathématiciens Viète et Girard ont utilisé des lettres. Ils les ont prises latines, et majuscules ; les voyelles pour les inconnues : *A*, *I*, *O*, *U*, *Y*…, les consonnes pour les connues : *B*, *G*, *D*… Puis, leur collègue Harriot a remplacé les majuscules par les minuscules. Et Descartes et Leibniz lui ont emboîté le pas : les premières lettres de l'alphabet, *a*, *b*, *c*, pour les quantités connues et fixées, les dernières, *x*, *y*, *z*, pour les quantités inconnues ou variables. Voilà d'où vient l'écriture $ax^2 + bx + c$!

Voilà d'où vient le fameux petit *x*. Oui, mais pourquoi un cordonnier ?

27 Égalité, côté gauche

5 MARS 1996. — *Le président de la République décide de mettre fin au « service militaire ». C'est la fin de la conscription.*

> « Je ne pouvais m'empêcher de rire quand je voyais qu'il [Descartes] croit l'algèbre la première et la plus sublime des sciences, et que la vérité n'est qu'un rapport d'égalité et d'inégalité » (Leibniz).

ISSUE DE LA RÉVOLUTION, la conscription était pour les garçons de la Nation gage d'égalité. Elle a vécu. Est-ce de l'égalité qui se perd ? Allez savoir ? Les Volontaires de l'an II, les femmes et les hommes de la Résistance n'étaient pas des conscrits. Ils ont fort bien su combattre ceux qui voulaient l'emporter sur eux.

400 avant J.-C., Socrate interpelle un jeune homme doué et avide de réussite, Calliclès : « Tu penses qu'il faut s'efforcer de l'emporter sur tous les autres, parce que tu négliges la géométrie. » Et le philosophe de rappeler à l'ambitieux, qui l'avait oublié : « L'égalité géométrique règne, toute-puissante, parmi les dieux comme parmi les hommes. »

Un signe vieux de quatre siècles et demi

L'égalité. S'il est un mot commun au langage politique et à la langue mathématique, c'est bien celui-ci. Imagine-t-on les mathématiques sans elle ? Et la politique ? Où on l'invoque sans cesse, comme repoussoir (l'horrible « égalitarisme ») ou comme objectif à atteindre (l'égalité des chances).

Ah, ces deux petits traits : « = » ! Ils ont fait le tour de la Terre. Côté gauche, côté droit. Mais lorsque l'un des deux côtés reste inoccupé, c'est le naufrage ! X = ..., X = ? ? ? Oui, il égale quoi ? Voilà la question. C'est le tourment et le supplice, mais c'est aussi, en cas de réussite, le ravissement. E égale... ? égale mc^2, mon amour. De part et d'autre, certes, mais entre ? Qu'est-ce qui peut bien couler entre les deux rives du signe égal ?

Calliclès néglige la géométrie

Pourquoi deux petits traits posés l'un sur l'autre ? Qui mieux que l'inventeur peut répondre à la question ? « J'userai d'une paire de parallèles ou de lignes jumelles d'une certaine longueur parce que rien n'est plus pareil que des jumeaux », répond, en 1557, le mathématicien anglais Recorde.

Ainsi, les citoyens sont des jumeaux légaux. Le problème est que ce sont de faux jumeaux ; issus du même placenta, mais pas du même œuf. Voilà pourquoi leur gémellité faillit fréquemment et que, comme dit George Orwell, dans *La Ferme des animaux*, « certains sont plus égaux que d'autres ».

Haut et fort la Constitution l'affirme, nous sommes égaux DEVANT la loi ! Admettons. Mais derrière ? Qu'est-ce qui se passe derrière la loi ? Au verso ?

Des égalités, il y en a des tas, et elles ne sont pas toutes égales. Elle peut être formelle, réelle, sociale, politique, économique, etc. Certains ont affirmé que la formelle n'a été accordée que pour mieux refuser la réelle. Qui croirait cela ? Et que la politique a parfois été un rempart contre la sociale. Il vaut mieux être sourd...

Égalité, faire de l'égal avec du différent

En mathématiques, l'égalité confine à l'obsession. Pour soustraire un objet de son statut général, on fait donner l'égalité. Veut-on qu'un triangle ne soit plus « quelconque », il aura deux angles ou deux côtés égaux, ou même trois. Que sont le cercle, le carré, le cube, sinon des figures définies à partir d'égalités ? Et la médiane, la médiatrice, la bissectrice ? Même l'angle droit lui doit sa définition. Prenez deux droites sécantes, elles forment quatre angles. Si l'on exige que les quatre angles soient égaux, ils seront droits.

Quand on avance qu'un triangle isocèle a deux angles égaux, c'est pour informer que la valeur de l'un, un nombre, est égale à la valeur de l'autre. Bon. Et quand on affirme que deux nombres sont égaux, de qui parle-t-on ? S'il y en a vraiment deux… ils ne sont pas égaux. Alors, il n'y en a qu'un. Et s'il n'y en a qu'un, qu'il soit égal à lui-même ne nous avance guère. Mais, alors, qu'est-ce qui se passe quand on écrit $a = b$? Il se passe qu'on veut avertir que a, d'une part, b, d'autre part, désignent le même objet. Et c'est parce qu'ils désignent le même objet qu'on écrit qu'ils ont égaux. Si a désignait un objet et b un autre, ils ne seraient pas égaux. Logique.

Tout l'intérêt de l'égalité est qu'avec du différent on fait de l'égal.

Faire de l'algèbre, c'est passer son temps à écrire différemment la même chose. Regardez une page d'algèbre, que voyez-vous ? Des égalités qui se succèdent : machin = truc = chouette = chose = … Et dès que ce n'est plus égal, si on écrit égal, c'est la faute ! ! ! Carton rouge.

Alors, on ne fait qu'écrire la même chose ? Non. On ne fait qu'écrire différemment la même chose. Tout est là.

Et ça fait avancer le schmilblic, ça ? Oh oui ! Une expression, comme son nom l'indique, permet d'exprimer une idée. Deux expressions différentes expriment souvent deux idées différentes. Dire qu'elles sont égales, c'est dire qu'elles se rapportent au même objet ; c'est dire que cet objet peut être vu à travers ses deux regards.

$4/2 = 2$ veut dire que la moitié de 4 est 2. Si ensuite on écrit :

$$2 + 2 = 2 \times 2 = 4,$$

c'est pour dire que 4 est à la fois la somme et le produit de ses moitiés. Écrire « 2 × 2 = 8/2 », c'est informer que « le double de 2 » et « la moitié de 8 » sont le même nombre.

Depuis que tu as le même chapeau que moi, je ne retrouve plus le mien ! Il n'y a jamais eu qu'un seul chapeau, mon bon, et la question est : qui le porte ?

28 Juppé = Enflé. Égalité, côté droit

19 MARS 1996. — *La SNCF vient de publier les chiffres de ce que lui coûte l'effacement des graffitis. Le passage du graffiti au tag marque un bouleversement. Le graffiteur parle des autres, le tagueur de lui.*

> « Les propositions de mathématiques sont des équations… Lorsque deux expressions sont reliées par le signe d'égalité, cela veut dire qu'elles sont mutuellement remplaçables. Mais que ceci soit le cas, c'est ce qui doit se reconnaître dans les expressions mêmes » (Wittgenstein).

DISONS-LE TOUT DE SUITE, il n'y a pas égalité entre les deux côtés de l'égalité. En théorie si, en pratique non. Ils ne jouent pas le même rôle ! Nous écrivons X = 2, et pas 2 = X. On pourrait, on en aurait le droit, cela serait mathématiquement correct, mais on ne le fait pas. À gauche l'inconnu, à droite le connu.

Dans l'usage commun du signe égal, il en est de même : le côté droit nous parle du côté gauche. Il n'est qu'à examiner les murs de nos villes pour s'en convaincre. Voyez ! Des mains anonymes, le soir venu, ont inscrit à même la pierre quelques insolentes égalités. À l'aube, j'ai lu :

Juppé = Enflé
Socialisme = affairisme
Chirac = arnaque
Le Pen = facho

Quand on écrit X = 2, c'est pour dire des choses sur X, pas sur 2. Semblablement dans les égalités murales précitées. Elles ne parlent en fait ni des enflés, ni de l'affairisme, ni de l'arnaque, ni des fachos, choses connues de tous, mais de Juppé, du socialisme, de Chirac et de Le Pen. À droite, du connu connoté négativement, à gauche l'objet visé. Retournons ces égalités. Que signifierait, par exemple, *Enflé = Juppé* ? Que pour déprécier « l'enflé » on affirmerait qu'il est « un Juppé ». Ce qui serait beaucoup plus catastrophique pour l'image du Premier ministre ; il y a donc lieu, à Matignon, de ne pas être totalement insatisfait. Tant que l'on siège dans le côté gauche de ces égalités-là, l'affaire n'est pas encore entendue.

L'avenir, sombre, d'un hôte du côté gauche d'une égalité murale est d'apparaître un jour dans le côté droit.

Les égalités de nos murs sont orientées de la droite vers la gauche, en ce sens elles ne sont pas des égalités mathématiques pour lesquelles si $a = b$, alors $b = a$.

Tout bien réfléchi, il ne s'agit pas, dans les écritures murales, d'une égalité mais d'une inclusion, ou bien d'une appartenance.

Soit E l'ensemble des enflés ; le slogan mural affirme — sans preuve — que Juppé en est un des éléments. Soit A le concept d'affairisme, que dit le graffiteur ? Qu'à ses yeux, le socialisme réel, celui du PS, qui s'est répandu dans les années 80-90, est un sous-ensemble de l'affairisme.

L'histoire de l'algèbre nous apprend que dans ses débuts — dans l'algèbre arabe, par exemple — on écrivait :

$$x^2 = 4 \qquad \text{ou} \qquad x^2 + x = 1.$$

Il a fallu des siècles pour parvenir à l'écriture :

$$x^2 - 4 = 0 \qquad \text{ou} \qquad x^2 + x - 1 = 0,$$

qui établissait 0 comme seul occupant du second membre. Quand donc verra-t-on inscrit sur les murs :

$$\text{Juppé} - \text{Enflé} = 0\ ?$$

L'égalité des dissemblables

Aristote le dit : l'égalité est dans la quantité comme la similitude dans la qualité. Et Leibniz précise que la science des formes est celle du semblable et du dissemblable, alors que la science de la grandeur est celle de l'égal et de l'inégal. Égalité, similitude. Aime ton prochain comme toi-même. Ce prochain est-il un égal ou un semblable ? Et que faire avec un non-semblable ? L'aimer ou le haïr, comme moi-même. « Je » est un autre. « Je » hais un autre.

Revenons aux principes, les grands. Je vois deux approches. Tout d'abord, celle sur laquelle, officiellement, nos sociétés fonctionnent : 1º Nous sommes égaux. 2º Étant entendu que nous sommes égaux, posons que nous sommes différents, cependant. C'est ainsi que les différences, secondes, fondent la hiérarchie qui, bien souvent, devient première, annulant finalement l'égalité primordiale sur laquelle tout reposerait en principe. De l'égalité à l'inégalité !

Il est un autre principe, qui pourrait se dire ainsi : Étant entendu que nous ne sommes pas semblables, posons que nous sommes égaux, cependant. Est affirmée ici la non-hiérarchie des différences essentielles ; non-hiérarchie qui ouvre un espace dans lequel l'altérité radicale ne serait pas une infériorité. Difficile à accepter, n'est-ce pas ? Et à vivre ? De la différence à l'égalité ! Une arme contre l'uniformisation réductrice du monde. Compatibles ou pas, ces deux approches ?

Constatons tout de même que cette égalité qui affirme l'absolue proximité des termes égalés ne peut le faire qu'en les séparant par le signe même qui dit leur égalité. Face à face des égaux. L'un est sur une rive, l'autre sur l'autre. Et entre ? Il y a quinze jours, nous nous posions la question : qu'est-ce qui peut bien couler entre les deux rives du signe égal ? Nous n'avons toujours pas la réponse.

Voilà que ma main animée de je ne sais quelle envie se met à écrire sous mes yeux : CON = CON. Tautologie qui ne fait pas avancer la connaissance. Mais qu'est-ce que ça fait du bien de l'écrire !

29 Autopsie d'un meurtre de l'esprit

23 AVRIL 1996. — *1995, l'année noire de la violence raciste. Les statistiques viennent de tomber. Catastrophiques ! En une année, le nombre de morts est passé de 1 à 7, celui des actes de violence liés à des actes racistes de 321 à 537 !*

« Pesanteur et force tendent toujours vers leur mort et chacune se maintient par la violence » (Léonard de Vinci, *Carnet*).

CE TYPE À LA TRONCHE DE CAQUE, en quoi me menace-t-il ? Simple ! Ça se voit comme le nez au milieu de la figure, il n'est VRAIMENT pas comme moi. C'est lui ou moi ; le « ou » disjonctif le plus pur. Et comme c'est moi, c'est pas lui. S'il est, je ne peux être. C'est VITAL, au sens propre. Et, puisque je suis, il n'est pas ! Maintenant qu'on a la conclusion, il va falloir l'établir. Pour ce faire, on doit sortir du cadre de la logique.

Si je dis syllogisme, immédiatement tu penses : « Socrate est mortel, et caetera. » Dans les *Premiers et Seconds Analytiques*, Aristote a traité par le menu cette forme de discours démonstratif et l'a classifiée avec un très grand soin. Il a exhibé quatre figures du syllogisme, chacune pouvant s'exprimer sous plusieurs modes.

De l'humanité des racistes

« Les racistes sont des hommes » ! Pour établir cette assertion surprenante, nous allons mettre en branle *Barbara*. Tel est le nom de code sous lequel les scolastiques, au Moyen Âge, désignaient le premier mode de la première figure du syllogisme de leur antique défunt maître, Aristote. *Barbara :* tout M est P. Tout S est M. Tout S est P. Dit autrement : toute partie (S) d'une partie (M) d'un tout (P) est une partie de ce tout P. Application : « Tous les cons sont des hommes. » « Tous les racistes sont des cons. » Donc, « tous les racistes sont des hommes ».

Et « Socrate est mortel » ? Utilisons *Darii*, troisième mode de la première figure. Qu'affirme *Darii* ? Tout H est M. Quelque S est H. Quelque S est M. Tout homme est mortel. Socrate est un homme. Donc Socrate est mortel. Ceux qui l'ont forcé à boire la ciguë n'ont pas eu besoin de *Darii* pour le prouver.

De Barbara à Baroco

Il ne faudrait pas croire, il y a une logique dans la pensée raciste. Elle s'établit en deux temps : 1º À partir de soi, établir une vérité universelle. 2º À partir de cette vérité universelle utilisée comme prémisse, appliquer le mode *Baroco* du syllogisme. Voyons voir. Premier acte. Le petit homme raciste va se prendre pour l'HOMME générique. En nombril du monde qu'il ne doute pas d'être, il va penser que tout ce qui lui arrive, arrive à TOUS les hommes. Je suis un homme. Vrai. Je mange avec une fourchette. Vrai. Mais au lieu de conclure : « Donc, quelque homme mange avec une fourchette », son esprit défectueux va se vautrer dans une généralisation fautive : « Donc, tous les hommes mangent avec une fourchette ! »

Après, nickel ! Plus aucune faute logique. Sagement, en bon aristotélicien, il va appliquer le mode *Baroco* : tout P est M. Quelque S n'est pas M. Quelque S n'est pas P. Dit autrement : ce qui n'appartient pas au tout n'appartient pas à la partie. Et voilà établi le raisonnement de notre mangeur-avec-fourchette : Tout homme mange avec une fourchette. Cet être-ci (il désigne l'autre) ne mange pas avec une fourchette. Donc cet être-ci n'est pas un homme. Exit de l'Humanité tous les mangeurs-sans-fourchette !

Quoi faire de ces non-hommes ? Il y a le choix. 1º Les intégrer par une conversion forcée dans la communauté (des Hommes), c'est-à-dire des mangeurs-avec-fourchettes : « En te convertissant à la fourchette, je te fais Homme. » Remarquez que ce n'est pas le converti qui SE convertit (il ne le pourrait). C'est le convertisseur qui fait tout le travail. 2º Les mettre en esclavage ; les faire travailler comme des bêtes… qu'ils sont, puisque, comme elles, ils ne mangent pas avec des fourchettes. 3º Les tuer, sans problème de conscience. Pas plus qu'un boucher n'en a à œuvrer dans son abattoir.

« Les juifs indubitablement sont une race, mais ils ne sont pas humains. » C'est écrit dans *Sein Kampf*. On s'explique mieux pourquoi des quarterons de savants hitlériens se sont escrimés dans les années 30 à établir SCIENTIFIQUEMENT, à travers des théories démentes, mais d'apparence rationnelle, que les juifs et les Tsiganes étaient des *Untermenschen*, des sous-hommes. Leur sous-humanité étant établie, on pouvait s'en débarrasser sans problèmes moraux. Il n'y a d'assassinat que d'un être humain. Assassine-t-on une vache, fût-elle folle ? « Tu ne tueras point », mon cul !

Sy logisme m'était conté.

30 Le Garaudy n'existe pas !

7 MAI 1996. — *« Un excellent travail », c'est l'appréciation que le bon abbé Pierre porte sur le dernier ouvrage de « son ami Garaudy ». En tant qu'ex-stalinien, ce dernier s'y connaît en falsification de l'Histoire. Trente ans après avoir nié que les Goulags ont existé, il refait le coup avec les camps d'extermination nazis. Là où le Garaudy passe, les camps trépassent.*

> « Une preuve apparaît comme un enchaînement d'arguments, comme une chaîne, peut-être longue, de conclusions partielles... La solidité de la chaîne est celle de son maillon le plus faible... » (G. Polya, *La Découverte des mathématiques*).

UN SPÉCIALISTE de l'histoire du vide déclare en première page d'un journal du soir : « Le Garaudy n'existe pas, je l'ai rencontré. » Depuis lors, un petit groupe d'idéologues, les *négaraudistes*, se répandent dans les médias, affirmant que le Garaudy n'a jamais eu lieu. À leurs yeux, aucune preuve convaincante de son existence n'a jusqu'à présent été apportée. Et pourtant ! Des témoins, rescapés du stalinisme, affirment l'avoir vu nicher dans le Temple Stalinien. D'autres certifient l'avoir aperçu un temps dans la Maisonnette Protestante. D'autres encore jurent l'avoir vu s'installer avec tout son passé dans le Pavillon Musulman. Fiches de loyer, photos de famille, etc., ont été versées au dossier. Pour les négaraudistes, la multiplicité des Garaudys, loin de prouver son existence, milite au contraire en faveur de sa non-existence : « S'il y en a plusieurs différents, c'est qu'il n'y en a pas un. Donc LE Garaudy n'existe pas. » L'existence du Faurisson lui-même, qui jusqu'alors n'avait jamais été sujette à controverse, a également été niée.

Question : si, sur un plateau, on apportait les roustons de Faurisson, serait-ce une preuve de l'existence du susdit ? Les experts se tâtent.

En maths, la conviction unanime ne fait pas vérité

En 1640, le mathématicien Pierre de Fermat affirma que, « pour aucun entier $n \geq 3$, on peut trouver trois entiers x, y, z tels que :

$$x^n + y^n = z^n \text{ ».}$$

Tous les mathématiciens, depuis, ont été convaincus de la vérité de cette proposition. Cela ne suffit pas ! Car nous sommes en mathématiques. Et en mathématiques, seule une démonstration est en mesure d'établir la vérité d'une proposition. Dit autrement : tant que la vérité d'une proposition P n'a pas été établie, cette proposition ne peut servir à établir d'autres vérités. Sauf à dire : « Si P est vraie, alors telle autre, R, l'est également. »

Revenons à l'assertion de Fermat. Il a fallu attendre 1987 pour que D. Health Brown l'établisse « pour presque toutes les valeurs de n ». Mais « presque toutes », en maths, ce n'est pas « toutes ». Il a fallu sept années de plus, en 1994, pour qu'Andrew Wiles passe de « presque toutes » à « toutes ». Avant, on disait *conjecture de Fermat*, maintenant on dit : THÉORÈME de Fermat.

La folie de la preuve

« Croyez que je suis le premier à le regretter, mais l'extermination n'a pas eu lieu, expectore le négationniste. Tous ces "rescapés des camps" que, des années plus tard, vous exhibez encore bien vivants, sont là pour le prouver. Exterminer, n'est-ce pas faire périr jusqu'au dernier ? » Vous me voyez perdre une seconde de ma vie à essayer de prouver quoi que ce soit à ces salauds ! La vie n'est pas une théorie mathématique ! Contrairement à cette dernière, il n'y a dans la vie pas de preuve absolue. C'est folie que de la rechercher.

Paradoxe machiavélique que celui concocté par les négationnistes : eux qui souhaitent tant que l'extermination ait eu lieu se démènent pour la nier ; et ceux qui donneraient tout pour qu'elle n'ait pas eu lieu se font du mal en voulant en prouver la réalité. Non contents que l'innommable soit advenu, les négationnistes s'acharnent à le faire revivre sans cesse, jouissant d'entendre les victimes refaire le récit de leurs cauchemars. Rouvrir sans relâche la plaie pour réactualiser la souffrance. Tout début de discussion avec ces ratés de la pensée serait pour eux une victoire.

Les « Maîtres de Preuve »

Même en mathématiques, il n'y a de preuve que dans un système, on dit une *théorie* ; univers d'objets liés par des vérités de base, dans une sorte de socialité qui les fait « tenir » ensemble. Il n'y a pas, en mathématiques, de vérités absolues, transverses à tous les univers possibles. Qu'est-ce à dire ? Si le système dans lequel une vérité est vérité change ou s'élargit, il faut refaire le travail de la preuve.

Et ailleurs qu'en mathématiques ?

C'est tout comme.

Celui-ci exige de moi une preuve ? Je commence par lui demander : « Qu'est-ce qui, pour toi, serait une preuve ? » Tant que nous ne nous serons pas mis d'accord non pas sur le fait que ceci en particulier est bien « la preuve de », mais sur ce qui peut constituer une preuve, tant que cet accord n'aura pas été fait, à quoi bon tenter de prouver ?

Partout, comme en mathématiques, il n'y a de preuve qu'à l'INTÉRIEUR d'un système de pensée, que dans les limites d'un monde. C'est même l'acceptation de ce que sont les preuves admises par un ensemble d'individus à une période donnée, qui constitue le consensus minimal fondant une société. Toi et moi, nous sommes dans le même monde parce que nous admettons que ceci ou cela peut être une preuve. Quand plus rien ne peut faire preuve, il ne reste que la sauvagerie.

À chaque époque de l'Histoire et pour chaque société, il y a des maîtres de preuve qui déterminent le champ de la preuve, qui disent par quels biais s'établiront les vérités. Ce sont eux les véritables maîtres du jeu. Qui sont aujourd'hui les Maîtres de Preuve de nos sociétés ?

31 Les trois font les paires

21 MAI 1996. — *Après* n *années de franquisme et* m *années de « socialisme », voici venu le temps de la droite libérale en Espagne. Parti avec des années de retard, le libéralisme espagnol semble décidé à rattraper le temps perdu. José Maria Aznar a été élu avec quelque 38% de voix.*

« On ne comprend pas ce qu'est la science de la chaussure, quand on ne comprend pas ce qu'est la science » (Platon, *Théétète*).

QU'EST-CE QUE JE LIS ? Qu'Aznar, le mal-élu espagnol, a décidé de tout privatiser. Une catastrophe n'arrivant jamais seule, j'apprends dans la foulée, si je puis dire, que les fabricants de souliers ibères viennent de lancer sur le marché le *trouple* de chaussures, surnommé « El tres ».

Avec une paire, on fait deux couples

Depuis les temps ancestraux où certains hominidés sensibles des pattes décidèrent de les chausser, la fabrication des chaussures s'est faite par paires. Le fait d'avoir deux, et seulement deux pieds, et de les avoir différents, en fut la cause. Vous le savez peut-être, il est impossible de superposer ses deux pieds, ce qui les empêche d'être échangeables. En maths, on dit *permutables*.

Deux font la paire. Ajoutez l'ordre, ils feront un couple. En mathématiques, un couple est la donnée *dans l'ordre* de deux objets. Dans l'univers prude des pieds chaussés, il n'y a pas de couples échangistes.

L'unipatte

Droite-gauche, différence surannée, dites-vous ? Dans le monde politique, à voir. Dans celui des chaussures, par contre, la différence s'estompe à vitesse grand V. Gommez-la, vous avez un objet convenant à n'importe lequel de vos deux pieds : la chaussure unipatte ! Elle cadre joliment avec un corps unisexe, dans un monde uniforme. C'est là qu'intervient l'idée géniale des bottiers d'outre-Pyrénées. Vous entrez dans un magasin, vous demandez de quoi vous bôtter, on vous ouvre une boîte et vous découvrez, ahuri, TROIS chaussures. Vous voyez trouble ! Ringard comme pas deux, vous vous dites : c'est une de trop ou une de moins. Vous voulez repartir d'un bon pied, on vous rattrape sur le pas de la porte. Vous vous rasseyez. Horreur ! Non seulement elles sont trois, mais elles sont de couleurs différentes ! Un trouple ! Vous en prenez une, au hasard, vous y insérer un pied, au hasard ; ça rentre. Vous en prenez une autre, au hasard parmi les deux restantes, dans laquelle vous glissez le seul pied qui vous reste. Vous êtes chaussé. Vous regardez de haut : l'unipatte bleue à droite, la rouge à gauche. Ça ne va pas à votre teint ? Vous intervertissez. Et la jaune ? Pourquoi pas la jaune ? Vous saisissez la jaune, vous retirez la rouge du pied droit, que vous insérez dans la jaune. Et puis, c'est la fête, et comme les jongleurs qui ont toujours une boule en l'air et une dans chaque main, vous jonglez avec vos unipattes. C'est Byzance !

Avec un couple, on fait six couples

Il arrivera forcément un moment où vous ne pourrez pas ne pas vous demander : de combien de paires disposé-je avec ce trouple ? Ça y est, vous êtes tombé dans la *combinatoire* ! Ce domaine des mathématiques qui traite du nombre de façons de disposer des éléments en tenant compte, ou non, de l'ordre et de la répétition. Blaise Pascal, entre autres, a excellé dans cet art.

Voici *n* objets, vous voulez en choisir *p*. Combien de façons ? Si *p* est plus grand que *n* : aucune. S'il est égal : une seule. Sinon ? Il faut calculer ; cela s'appelle les *combinaisons* de *p* objets parmi *n*.

Et si l'ordre dans lequel vous les choisissez vous importe, il s'agit alors d'*arrangements* de *p* objets parmi *n*. Revenons à nos pompes.

Il y a trois combinaisons de 2 objets choisis parmi 3. Avec « El tres », vous avez trois paires possibles. Mais si vous tenez à continuer de distinguer vos deux pieds, vous êtes dans les arrangements, cela vous fera six façons de vous chausser. Six couples de chaussures dans cette si petite boîte !

Épuiser les possibles

La combinatoire sert au calcul des probabilités. Une probabilité est le quotient du nombre de cas favorables par le nombre de cas possibles. Le malheur, c'est qu'on oublie presque toujours des cas possibles. La besogne de la pensée unique est de faire le ménage dans les possibles. Les possibles, à la poubelle ! Moins il y en a, mieux ça vaut.

Est possible ce qui peut être ; donc tout ce qui n'est pas condamné par avance à ne pas être. Les *why not* ? Les pourquoi pas ? Oui, pourquoi pas, à propos ? C'EST UNE QUESTION.

32 Rien ne peut tout

4 JUIN 1996. — *Six mois après le mouvement social qui, avant la Noël 95, avait réchauffé l'hiver débutant, de nombreux collectifs « Tous ensemble » furent créés. En particulier dans la CFDT.*
P.S. *Automne 1996. En Serbie, l'opposition qui, avec les manifestants, fait trembler le pouvoir de Milosevic, a pris pour nom Zadjeno : ensemble.*

> « L'enfant autiste est le plus bel obstacle à tous les éducateurs, parce qu'il n'a rien à faire de rien. On peut d'autant moins le guérir qu'il n'est pas malade. Voilà. Il n'a rien » (Deligny).

IL Y A L'AMIBE ET LES AMANTS. En se scindant, la première forme par scissiparité deux nouveaux êtres. Inversement, en s'aimant, les amants, par fusion, ne font plus qu'un. Avec un faire plusieurs, c'est la dichotomie, l'arborescence et la fragmentation. On y perd vite son identité et si l'on n'y prend garde, on va droit vers l'infinité et la nullité : la moitié de la moitié de la moitié, etc. Avec plusieurs faire un ; c'est le point de vue de la théorie des ensembles.

« Tous ensemble »

Et voilà qu'en mai on apprend que, depuis décembre, un peu partout se sont créés des collectifs « Tous ensemble ». Le slogan n'y va pas de main morte : deux mots seulement, mais quels mots ! « Tous » et « ensemble ». L'un parle de totalité, l'autre de proximité, l'un de globalité, l'autre d'affinité.

Avec tout, il y en a toujours un peu trop

Les adeptes des théories totalitaires se shootent au « tout est ». Que ce soit dans le domaine politique, scientifique ou autre : tout est économie, tout est marchandise, tout est structure, tout est force, tout est énergie, tout est politique. Et du côté des ensembles ? Est-ce que, par hasard, tout serait ensemble ? La réponse est catégorique. Non.

La théorie des ensembles n'est pas une théorie totalitaire. C'est à la gloire des mathématiques d'avoir DÉMONTRÉ que la théorie des ensembles n'embrasse pas l'univers entier. Un contre-exemple suffit pour pouvoir l'affirmer. Le voici ; il est, si l'on peut dire, de taille ! Considérons l'objet formé par tous les ensembles de l'univers. Cet objet n'est pas un ensemble ! Ça se démontre. On ne peut dire « l'ensemble de tous les ensembles ». C'est un tout, certes, mais pas du genre ensemble. Quand, au début du siècle, les mathématiciens se sont aperçus de la chose, cela a déclenché une crise terrible qui a failli mettre en péril la théorie des ensembles dans son entier. Ce fut la *crise des fondements*. Rien n'est tout !

Assembler ou ensembler ?

Un ensemble est défini lorsque, pour toute chose de l'univers, on a pu déterminer si elle en est élément ou non. Cela me rappelle une histoire : avant, avant, il y avait DES ouvriers, puis il y a eu LES ouvriers, enfin il y a eu LA classe ouvrière. Cette histoire raconte la transformation d'une pluralité d'individus formant une communauté, en une unité, qui est un véritable ensemble mathématique.

Poser l'existence de l'ensemble « classe ouvrière », c'est être capable de déterminer, quel que soit un objet de l'univers, s'il appartient ou non à ladite classe. Il faut donc établir un dispositif permettant de distinguer ceux qui font partie de la classe ouvrière et ceux qui n'en font pas partie. Dispositif politique, nécessité et légitimé par la pensée ensembliste. La vision binaire est un couperet formel que certains utilisent comme un couperet criminel.

Pour atténuer les effets souvent dévastateurs de l'appartenance binaire, des mathématiciens, dans les années 60, ont développé une théorie des « ensembles flous », pour lesquels l'appartenance se pose en termes de possibilités, prenant toutes les graduations imaginables entre l'appartenance impossible et l'appartenance certaine.

Des multiplicités qui restent des multiplicités

Le ravissement d'être ensemble, la griserie lucide que procure une proximité voulue, les liens d'affinité et de solidarité, même éphémères, n'ont rien à voir avec l'appartenance ensembliste, même graduée et floue. « Collectif », c'est joli comme nom. Le danger, pour un collectif c'est de devenir un ensemble. Comment ne pas perdre la pluralité dans l'affinité et « crier tous ensemble » sans finir par fabriquer… un ensemble ? Il y a l'amibe et les amants. Et moi et moi et moi…

33 De la coïncidence

18 JUIN 1996. — *Pauvre Toulon ! Non contente d'avoir un maire FN, la préfecture du Var s'est vu doter d'un préfet « chrétien », c'est lui qui le clame. Le cimetière de la ville ayant été profané après que le préfet eut fait interdire un concert du groupe « Nique Ta Mère », le préfet Marchiani s'est répandu en déclarations dans lesquelles il soulignait la coïncidence entre ces deux événements…*

« Ceux qui ne veulent pas choisir entre la peste et le choléra ont, en général, déjà attrapé la chtouille » (Traité d'épidémiologie, 1694).

DE NOTRE CORRESPONDANT LOCAL À TOULON : « Sur la scène de la cité varoise, nous avons assisté à la première de *De la coïncidence*, drame en trois actes de Marchiani, préfet de la République.

Prologue. Le groupe de rap NTM (Nique Ta Mère) est programmé au Centre musical de Châteauvallon.

Acte I, en deux tableaux : L'INTERDIT ET LA PROFANATION.

Tableau A : PRÉFECTURE DU VAR. Le Préfet demande l'interdic… pardon ! la déprogrammation de NTM, pour le motif suivant : "Ces prétendus artistes injurient les mères de famille."

Tableau B : CIMETIÈRE CENTRAL. La tombe d'une défunte catholique est profanée. Ni revendication, ni signature.

Acte II : DE L'ESPÉRANCE. La profanation connue, le Préfet réagit immédiatement. Sa réaction prend la forme d'un vœu. Qu'espère-t-il ? "Qu'il ne s'agisse pas d'une riposte à la déprogrammation de NTM." Pourquoi ? "Parce que si c'était une riposte, on aurait franchi un pas de plus dans l'ignominie."

Qu'est-ce à dire ? Que s'il s'agissait d'une profanation habituelle, style Carpentras, par exemple, disons une profanation non ripostante, on n'aurait pas franchi un pas de plus dans l'ignominie ? Je n'ose le croire.

Acte III : DE LA COÏNCIDENCE. Le Préfet s'escrime à expliquer que s'il a fait ses déclarations, c'est parce qu'il…

1º "… espérait qu'il s'agissait d'une coïncidence malheureuse de lieu et de temps" ;

2º "… souhaitait que l'enquête prouve qu'il s'agissait d'une coïncidence". »

Pour résumer, si le préfet a pointé publiquement le lien entre l'interdiction de NTM et la profanation, c'est afin qu'il soit prouvé par les enquêteurs qu'il s'agissait d'une coïncidence. S'il a désigné le lien, c'est parce qu'il espérait qu'il n'y en eût pas. Que prouve une coïncidence ?

La preuve par la coïncidence

Coïncidence. Spatiale ou temporelle, en lieu, en temps. Pour la géométrie, la coïncidence est la propriété qu'ont les figures de se recouvrir exactement lorsqu'on les superpose. Un des axiomes d'Euclide stipule : « Et les choses qui s'ajustent les unes sur les autres sont égales entre elles. » En géométrie, la coïncidence obtenue par superposition vaut égalité. Couvrez une figure par une autre, si ça tombe pile poil, si rien ne dépasse ni d'un côté ni de l'autre, elles sont égales.

C'est une façon de procéder un peu sommaire. Pour que deux figures coïncident, il faut les poser l'une sur l'autre, donc en déplacer au moins une. La coïncidence nécessite le mouvement. Mais qui me dit que le transport ne les modifie pas ? Horreur ! Surtout pas ça ! Il n'y a de géométrie possible que parce que l'on pose comme principe fondamental que le mouvement ne porte pas atteinte à l'intégrité des formes. Corps et figures restent invariables quand on les déplace.

Égaler sans avoir à déplacer

La coïncidence est une technique radicale, elle met, si l'on peut dire, le paquet ; elle ne fait pas dans le détail. D'un seul coup elle montre l'égalité de tous les éléments. Mais cela se paie par un prix, le déplacement.

Si l'on refuse de faire bouger les figures, peut-on quand même prouver qu'elles sont égales ? Avoir posé cette question et avoir su lui donner tant de réponses différentes constitue l'une des contributions majeures de l'art mathématique.

L'égalité de quelques éléments suffit à démontrer l'égalité de la figure entière. Trouver lesquels, c'est le travail des mathématiciens. Deux carrés, leurs côtés sont égaux, ils sont égaux. Deux cercles, leurs rayons sont égaux, ils sont égaux. Deux triangles, ils ont un angle égal compris entre deux côtés égaux chacun à chacun, ils sont égaux.

Du mouvement physique nécessité par le déplacement, preuve concrète de la coïncidence, on est passé au mouvement de l'esprit qui établissant des critères d'égalité, en appelle au raisonnement et à la démonstration.

Peut-il y avoir de la causalité dans la simultanéité ?

Pour l'auteur de la pièce, le préfet Marchiani, il ne s'agit évidemment pas de coïncidence en lieu, mais en temps. Au figuré, deux choses coïncident si elles se produisent en même temps. Et comment savoir que deux événements, se produisant dans deux lieux différents, coïncident ? C'est la grande question de « mettre les pendules à l'heure », à la même, s'entend. C'est le fameux problème de la détermination de la longitude.

Deux événements arrivant en même temps peuvent-ils être tels que l'un soit cause de l'autre ? N'y a-t-il pas nécessité d'une antériorité de l'un, pour qu'il puisse être cause de l'autre ? Ah, j'avais cru pourtant. Visiblement, l'auteur ne le pense pas. Pour lui, simultanéité et causalité sont compatibles. Si, à Toulon, il y a coïncidence, il ne peut y avoir eu causalité ; à moins que le même acteur ait *réalisé* ladite coïncidence en faisant accomplir en même temps l'interdiction et la profanation. Nous n'osons y croire.

Et nous avons raison.

Ce n'était ni le préfet ni NTM qui avaient commis la profanation, mais quatre jeunes succubes du cru. Il ne s'agit donc ni d'une pure, ni d'une malheureuse, ni d'une fortuite coïncidence, parce que cela n'était pas une coïncidence.

34 Pas de rapport au numéro demandé

10 SEPTEMBRE 1996. — *Il y a un an, le Premier ministre chargeait M. Fauroux d'une mission de réflexion sur l'école. La commission présidée par M. Fauroux vient de rendre son rapport.*

« Penser un *rapport*, c'est avant tout penser une coexistence » (L. Weber, 1894).

T'AS UN PROBLÈME ? Y a une question qui te fait question ? Facile ! Commande un rapport ! Ça fait class et puis après… tu le classes. L'éducation est sans conteste le champ où la rapportmania frappe le plus fort. Que nous apprend le dernier en date, le Fauroux ? Que dans les écoles de la République il y a, aujourd'hui, je cite : *des élèves qui sont sans rapport entre eux !*

300 ans avant notre ère, dans la fraîcheur de la Grande Bibliothèque d'Alexandrie, le vieil Euclide a consacré plusieurs livres de ses monumentaux *Éléments* à la science des rapports et des proportions. En bonnes mathématiques euclidiennes, il n'y a de rapports qu'entre êtres homogènes : « Un rapport est une relation selon la taille entre deux grandeurs du même genre. » Par exemple, entre deux longueurs, ou bien deux surfaces, mais pas entre une surface et une longueur.

Cherche quatrième désespérément

Du rapport entre deux peut naître la proportion entre quatre.

La proportion, le mot grec le dit, c'est l'*analogie*. Vous êtes deux, je suis seul et je n'ai d'yeux que pour le rapport qui vous lie. Bref, je suis jaloux comme un pou. Alors, de par le monde, je pars en quête de cet(te) autre qui avec moi fera le même rapport. Nous voilà embarqués pour une partie carrée jouée deux à deux. Ce quarteron, dont le quatrième est au troisième ce que le second est au premier, est une *proportion* : $a/b = c/d$.

Et, dans le monde des figures, comment ces notions opèrent-elles ? Deux triangles, par exemple, sont semblables si leurs angles respectifs sont égaux. Ce qui a pour conséquence que leurs côtés correspondants sont en proportion. Et, deux figures semblables, qu'ont-elles en commun ? Justement, la forme. Elles ont la même forme.

Voilà bien la constatation faite dans le rapport Fauroux et dans bien d'autres qui le précédèrent. Dans les classes des écoles où l'on est censé enseigner ce que sont des figures semblables, il y a des élèves qui ne le sont pas, semblables. Eu égard aux critères de similitude traditionnels, ils n'ont pas la même forme ! Pour l'école, qui fut le lieu par excellence de la « formation », cela pose un terrible problème. Comment former des élèves qui n'ont pas la même forme ?

De l'incommensurable à l'école

Et quand il n'y a pas de rapport, que se passe-t-il ? On ne peut plus les mesurer ensemble : deux êtres qui n'ont pas de rapport n'ont pas de commune mesure. Impossible de trouver une « unité » qui les relie ; une unité qui, mesurant l'un et mesurant l'autre, les rendrait commensurables.

Ne fréquentant pas les mêmes établissements, n'habitant pas la même aire, ne respirant pas le même air, ces élèves n'ont pas de rapport entre eux ; ils sont proprement incommensurables. Alors ? Alors, c'est la crise. Chaque fois que surgit l'incommensurabilité, ça fait une crise.

Des nombres pour le dire

Au Ve siècle avant notre ère, dans le monde grec, a éclaté la *crise des irrationnels*. Qu'ont découvert les pythagoriciens à cette époque ? Que le carré, figure parfaite et combien familière, abritait en son sein de l'incommensurable ! Ils démontrèrent que le côté et la diagonale d'un même carré n'admettaient aucune commune mesure ! Si un nombre mesure l'un, aucun nombre ne mesurera l'autre ! Impossible donc de les connaître numériquement l'un ET l'autre. Et pourtant, sous mes yeux, ensemble, le côté et la diagonale s'exposent. Le réel, ici, n'est pas discutable et il excède de façon manifeste la capacité numérique.

Si l'on prend la mesure des uns, on ne peut prendre la mesure des autres, qui de ce fait sont rejetés dans l'*alogon*, l'inexprimable.

Pour les pythagoriciens, les nombres étaient l'essence du monde, et voilà qu'ils faillissaient à dire le réel ! Un « scandale logique ». Catastrophe de la pensée, qui est toujours une catastrophe de la société. Les Grecs n'avaient pas les nombres pour le dire ; nous, aujourd'hui, nous n'avons pas les mots pour le dire.

35 Inférieur ou égal

L'homme à l'esprit frigide

24 SEPTEMBRE 1996. — *Encore une ! L'égalité des races. Elle est « absurde », déclare Jean-Marie Le Pen.*

« ON A ÉTÉ JUSQU'À PARLER de l'absurde égalité des races et si maintenant en plus il y a l'égalité des civilisations, je ne sais pas jusqu'où nous ne descendrons pas », s'est interrogé tout haut le chef du parti d'extrême droite. Mais jusqu'au singe ! Nous descendrons jusqu'à lui !

Une fois de plus, Le Pen a tort. L'égalité des races n'est pas absurde ! Elle est insensée. Pour qu'elle fût absurde, il aurait fallu qu'elle eût un sens. Elle n'en a pas. Pour une seule raison : il n'y a pas de race(s) ! Avec ou sans « s », pas la queue d'une ! Donc pas d'égalité de races, et encore moins d'inégalités d'icelles. Il s'agit d'un concept vide, utilisé par des esprits vides, à des fins pleines de scélératesse. Il y en a qui ont les neurones qui puent.

Après la langue de bois, la langue aboie

Qu'on se le dise, et cela ne vient pas de sortir : il y a UNE espèce humaine et une seule, et pas de races. Mais, s'écrie le naïf, s'il n'y a pas de races, alors il n'y a pas de racistes ! Cela, par contre, c'est beaucoup plus compliqué. La réalité est là : il n'y a pas de races ET il y a des racistes. Voilà le problème. Vous en connaissez beaucoup, vous, qui disent :

1º qu'il y a des races,

2º qu'il y en a de supérieures,

3º que eux appartiennent aux inférieures ?

La plupart des racistes — qui se prennent pour des zéros — n'osent pas, pour compenser la nullité qu'ils se prêtent secrètement, déclarer qu'individuellement ils sont supérieurs aux autres. Cela ferait trop rire leur entourage. Le surhomme ne court pas les caniveaux. Alors, chacun d'eux affirme qu'il y a des races, et même qu'il y en a une supérieure. L'ayant dit, une délicieuse musique le traverse et il entend susurrer : si un ensemble A est supérieur à un ensemble B, tout *a* de A est supérieur à tout *b* de B. Or, tu es un *a*, comme âne… Je suis supérieur parce que j'appartiens à la race supérieure. CQFD.

« Différent », « inégal », les maths font la différence

Dès que l'on travaille dans un ensemble, la première chose à faire est de définir ce que c'est « être égal » dans cet ensemble. Puis, dans la foulée, on définit « être différent » : ≠. Qu'est-ce qui fait la différence ? Ce qui fait la différence entre *a* et *b*, c'est ce que *a* est et que *b* n'est pas ET ce que *b* est et que *a* n'est pas. Seulement cela. En maths, le contraire d'*être égal*, c'est *être différent* ; ce n'est pas *être inégal*.

L'inégalité, elle, ressortit à une structuration particulière : la structure d'ordre, que l'on doit prendre la peine de définir dans tel ou tel ensemble. La succession dans l'ensemble des entiers, par exemple. Il n'y a une inégalité entre deux objets que s'ils appartiennent à un ensemble sur lequel on a au préalable défini une relation d'ordre, « être inférieur » : « < » (ou bien « être supérieur » : « > »).

La tromperie délibérée du raciste consiste à confondre systématiquement ≠ et <, et à vendre le second, qu'il chérit, pour le premier, qui le terrifie.

Les inégalités sont, en algèbre, le cauchemar des élèves. Si l'on veut multiplier les deux termes d'une inégalité par le même nombre, on ne sait pas *a priori* ce qui peut se passer. Cela va dépendre du signe du multiplicateur. Vous avez de l'inférieur, vous voulez du supérieur ? Simple. Vous n'avez qu'à tout multiplier par un nombre négatif. Exemple : $2 < 3$, multipliez par -1, vous avez $-2 > -3$. Les premiers seront les derniers !

Le pitt-bull des écrans

Voici deux des dernières excrétions de Le Pen. La première, sur le mode ironique : « Et si maintenant en plus il y a l'égalité des civilisations… » ; la seconde, affirmative : « En 1500 d'histoire, la France a démontré la supériorité de sa civilisation. » Raisonnement lepéniste : comme il est absurde de parler d'égalité (de civilisations), alors il y a supériorité ! Le pitt-bull des écrans n'arrive pas à imaginer que la différence n'entraîne pas la supériorité, ni l'infériorité.

Ce qu'il faudrait que leurs mères leur disent, aux racistes, en les berçant le soir avant qu'ils ne sombrent dans leurs cauchemars : « Mon tout-petit, ce n'est pas parce qu'il est différent de toi que tu es forcément inférieur à lui. » Et le tout-petit, apaisé, s'endormirait, et il ne nous ferait plus chier.

Le dégueuloir des évidences

« Je crois en l'inégalité des races ; oui, bien sûr, c'est évident. Toute l'Histoire le démontre », poursuit Le Pen. Ce qu'a montré l'Histoire, c'est que chaque fois que quelqu'un a dit « c'est évident », il a dit une connerie. Voilà qui est vérifié une fois de plus. C'est, au contraire, en démontrant le contraire de ce qui paraissait évident aux benêts arrogants que la pensée et les « civilisations » ont progressé.

Qu'il n'y ait pas de races et qu'il y ait une seule espèce humaine me contraint : j'appartiens à la même espèce que Le Pen ! Je n'y puis rien. La génétique, Dieu et le Diable l'ont voulue ainsi. À moins, à moins qu'il ne soit un mutant…

Suivons ce sage conseil de La Fontaine : « Quand l'absurde est outré, on lui fait trop d'honneur de vouloir, par raison, combattre son erreur. »

36 Condition nécessaire, condition insuffisante

8 OCTOBRE 1996. — *En septembre, non content d'avoir freiné le processus de paix entre Israéliens et Palestiniens, le Premier ministre d'Israël, Nétanyahou, a fait ouvrir un tunnel, pour des raisons officiellement archéologico-religieuses, sous l'esplanade des Mosquées, dans la vieille ville de Jérusalem. Cette provocation a déclenché la révolte de nombreux Palestiniens, rendant la paix un peu plus difficile.*

IL Y AVAIT À JÉRUSALEM deux surfaces planes et une courbe dans l'espace à trois dimensions, le Mur des Lamentations, l'Esplanade d'Omar et la Via Dolorosa ; et il a fallu qu'un lamentable géomètre y ajoute une sorte de cylindre souterrain. La typologie des tunnels offrait jusqu'à présent deux types : ceux ouverts à chaque bout et ceux en cul-de-sac, les impasses. Niet-anyaou vient d'en inventer un troisième, les « qui sont ouverts des deux côtés ET qui sont sans issue ». Plus même, ceux qui, parce qu'ils sont ouverts, sont sans issue. Voilà une implication à tordre le cou de la bonne logique.

Un drame à deux personnages

Sur la scène israélo-palestinienne, et sur son pendant israélo-israélien, se joue depuis des années un drame à deux personnages : le mot Paix, le mot Sécurité. Mots avec lesquels on bâtit trois assertions :

— Les Israéliens et les Palestiniens sont en paix.
— Les Israéliens sont en sécurité.
— Les Palestiniens sont en sécurité.

De l'ordre logique dans lequel ces trois assertions sont disposées dépend l'avenir de cette région et des hommes qui y vivent.

Au IVe siècle avant notre ère, Aristote, dans l'*Organon*, a fondé la logique en tant que discipline philosophique. À partir du XIXe siècle, les logiciens modernes l'ont formalisée et l'ont attirée dans le champ mathématique. La logique met en scène quatre opérateurs : « et », « ou », « non », « implique ». Le dernier, représenté par ⇒, symbolise la causalité, le couple cause-conséquence. Pour beaucoup, là où il y a ⇒, ça sent les maths !

Que veut dire A ⇒ B ? Que la vérité — ou la présence — de A implique celle de B. Chaque fois que l'on a A, on a B ; donc il suffit d'avoir A pour avoir B. Voilà pourquoi A est une *condition suffisante* de B.

Mais on ne peut pas avoir A sans avoir B. Puisque, si l'on a A, on a B. C'est dire là que B est une condition *nécessaire* de A. C'est l'histoire du gars à qui il manque toujours 1 F pour en avoir 100. « Avoir 100 F » ⇒ « Avoir 99 F ». Il suffit d'avoir 100 F pour en avoir 99 et il faut en avoir 99 pour en avoir 100.

De la logique en Sainte Terre

La question mathématique, et combien politique, est de savoir ce qu'il faut ajouter à une condition nécessaire pour qu'elle soit aussi suffisante, la doper. Ou bien, ce qu'il faut ôter à une condition suffisante pour qu'elle soit nécessaire, la dégraisser. Quand on y parvient, on atteint le septième ciel : la condition nécessaire ET suffisante.

Si A implique B, ce n'est pas le contraire de A qui implique le contraire de B. C'est le contraire de B qui implique le contraire de A. La négation des propositions a pour effet d'inverser le sens de l'implication : A ⇒ B est équivalent à (non-B) ⇒ (non-A). Nions et inversons ; sur les rives du Jourdain, cela donnerait quoi ?

Les uns pensent qu'il suffit d'avoir la paix pour avoir la sécurité : paix ⇒ sécurité ; les autres, qu'il suffit d'avoir la sécurité pour avoir la paix : sécurité ⇒ paix. Qu'est-ce donc qui empêche les deux points de vue de se marier et que l'on obtienne l'équivalence : sécurité ⇔ paix ? De quelle sécurité s'agit-il ? Lorsque Nétanyahou parle de sécurité, il ne parle que des « Israéliens en sécurité ». Or, lui et les fanatiques du Grand Israël ne conçoivent la sécurité en Israël qu'au prix de la non-sécurité des Palestiniens (refus de l'indépendance palestinienne à terme, etc.).

La question se pose alors : peut-il y avoir paix et sécurité pour les Israéliens, et non-sécurité pour les Palestiniens ? La réponse est non ! En effet, s'il y a un « théorème » démontré par plus de quarante années de conflit, c'est bien : (non-sécurité des Israéliens) ⇒ (non-paix et non-sécurité des Palestiniens) ⇒ « non-paix ». Non-paix tout court.

Ainsi, la politique de Nétanyahou est littéralement contradictoire, c'est-à-dire qu'elle est IMPOSSIBLE ! Les Israéliens ne peuvent être en sécurité et en paix si les Palestiniens ne sont pas en sécurité.

Le discours travailliste et celui de Yasser Arafat est : « Ayons la paix, nous aurons la sécurité », paix ⇒ sécurité. Ce faisant, ils affirment que la non-sécurité implique la non-paix. Ils ont raison. C'est ce qui est arrivé par deux fois. Les attentats criminels du Hamas, et également, à leur façon, les aberrations nétanyaennes (tunnel, Hébron, etc.) facteurs d'insécurité pour les populations israéliennes et palestiniennes, ont eu pour conséquence l'arrêt du processus de paix.

Tunnel vient de *tonnelle*. La seconde a donné au premier sa forme voûtée en berceau. Le soleil, il y a deux façons de se prémunir de ses rayons brûlants. Assis en plein air sous l'ombre fraîche des feuillages de la tonnelle ou bien enterré dans la froideur du tunnel. Sous une tonnelle, on s'assoit à plusieurs. Dans un tunnel, on rampe à la queue leu leu.

37 Les shootés du non-lieu

22 OCTOBRE 1996. — *Loi des séries. Avec soulagement, nous venons d'apprendre qu'après M. Robert Pandraud et M. Camille Cabana, deux conseillers RPR de la mairie de Paris, ainsi que l'ancien ministre PR et actuel président du Conseil régional de Lorraine, M. Gérard Longuet, ont bénéficié d'un non-lieu.*

« Les lois sont exactement pareilles à des toiles d'araignée : elles arrêtent les faibles et les petits qui se laisseront prendre, mais elles seront déchirées par les puissants et par les riches » (Anacharsis).

OUF ! ON A EU PEUR. Tout ne peut pas aller mal tout le temps ! De tels jugements ne sont pas si fréquents pour que l'on ne s'en réjouisse pas sans ambages. On s'en réjouit. Et moi qui commençais à douter de l'injustice de mon pays, me voilà rabiboché avec les sceaux.

Non-lieu. Décision d'une juridiction affirmant qu'il n'y a pas lieu de poursuivre. De poursuivre les poursuites. Parce que l'infraction pour laquelle le prévenu était poursuivi n'a justement pas eu lieu, il bénéficie d'un non-lieu. Logique, non ? Et juste, en plus. Pourquoi ne s'est-on pas aperçu avant que ce qui n'a pas eu lieu n'avait pas eu lieu ? Il ne faut pas demander l'impossible.

Les no maths lands

Il n'y a pas, comme les naïfs le croient, une seule façon de ne pas avoir lieu. Il y a la façon « guerre de Troie ». Chacun le sait, la guerre de Troie n'aura pas lieu. Les sales histoires se réécrivent au futur. Les négationnistes sont des shootés du non-lieu. Question : y a-t-il une différence entre un non-lieu et un non avenu ? Si oui, c'est que quelque chose peut arriver nulle part. Ou, à l'opposé, que quelque chose peut ne pas arriver, mais quelque part. En un mot, est-ce que tout ce qui arrive, arrive quelque part ? Bof…

En mathématiques, sûrement. Tout ce qui arrive, arrive dans une théorie, un ensemble, un espace. En fait, ce n'est pas tout à fait vrai, mais c'est ainsi qu'on raconte l'histoire dans les manuels. Souvent, des choses qui ne sont pas vraiment des choses arrivent de façon floue dans un *no maths land*. Alors, pour les générations futures, on récrit l'histoire ; on commence par dresser la scène, puis on engage les acteurs mathématiques pour jouer la pièce préécrite, et on la joue. Succès mitigé. Mais voilà, comme tous les bons acteurs, ils échappent aux démiurges qui les ont créés et se mettent à jouer des scènes non prévues, que nul n'avait imaginées. Remboursez ! Que nenni ! C'est là que la pièce devient passionnante. Pour qui aime le *live* et l'improvisation, c'est le délire. « Je le vois, mais je ne le crois pas », s'exclame, abasourdi et ravi, le mathématicien G. Cantor, découvrant un résultat contraire à ce que tous croyaient jusqu'alors. En maths, ce n'est pas comme en politique, on n'échappe pas aux axiomes que l'on a posés. Statue du Commandeur, ils ne vous lâcheront pas.

Le lieu géométrique du chien

Un lieu est une portion déterminée de l'espace, et les mathématiques ont à faire, je n'ai pas dit « affaire », tonton pourquoi tu tousses ? ont à faire avec l'espace. Comment, en mathématiques, définir un lieu ? Dans l'espace du plan, par exemple, l'intersection de deux droites non parallèles définit un lieu, le plus petit des lieux : un point. En deçà duquel, d'ailleurs, c'est le non-lieu.

D'une façon générale, le *lieu géométrique* d'un point satisfaisant à certaines conditions, ou soumis à certaines contraintes, est l'ensemble des positions de l'espace occupées par ce point.

Exemple 1. Soit un chien et un piquet planté en terre, et soit une tige de fer rigide soudée au piquet à un bout et au collier à l'autre. Le lieu géométrique du chien est le cercle de centre le piquet et de rayon la longueur de la tige.

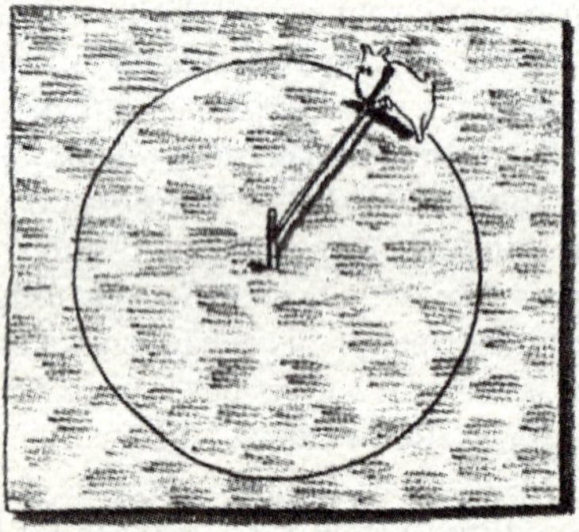

Exemple 2. Remplacez la tige par une laisse souple. Le lieu géométrique est à présent le disque limité par le cercle précédent. En passant du rigide au souple, on a gagné une dimension, on est passé de la ligne à la surface.

Exemple 3. Un deuxième piquet planté en terre, faites coulisser la laisse à travers le collier du chien, fixez chacune des extrémités de la laisse à un piquet. Le lieu géométrique du chien sera l'intérieur de l'ellipse dont les foyers sont les deux piquets.

… Sauf si la longueur de la laisse est inférieure ou égale à la distance entre les piquets. Si elle est égale, le chien ne peut qu'aller d'un piquet à l'autre.

Si elle est inférieure, Société protectrice des animaux ! Écartelé, le chien ravaillacé n'aura plus lieu.

Supposez maintenant que vous ne disposiez pas de tige rigide, comment obtenir le cercle avec une laisse souple ? Pour rendre celle-ci rigide, il faut imposer une contrainte supplémentaire : la rage de s'échapper, le désir de liberté. Force centripète qui tend la corde et la fait dure comme fer, la rage d'être libre empêche d'habiter une surface et pousse à se maintenir sur une ligne. À propos, l'utopie, n'est-ce pas à proprement parler le non-lieu ?

P.S. 20 août 1995, un policier de la Direction centrale du contrôle de l'immigration tire sur une voiture dans la région de Nice. Un petit romanichel est tué. Ni légitime défense, ni rien. Le parquet, tout de même, requiert un non-lieu. L'avocat de la famille : « C'est un non-lieu pour le non-meurtre d'un non-enfant ! »

38 Du pont aux pontages

Topologie cardiaque

8 NOVEMBRE 1996. — *Opération. Le cœur de Boris Eltsine est en piteux état. Opération.*

« BORIS E. A SUBI un quintuple pontage en 58 minutes. » Belle précision… qui permet au passage d'affirmer que le tout n'a pas duré une heure. Ce qui fait 11 minutes 36 secondes du pontage ! Bravo l'artiste !

Un pontage permet de relier deux zones, géographiques ou anatomiques, quand, entre elles, cela ne passe plus, que ce soient des voitures ou du sang. C'est un lien qui, dans le cœur de l'homme, en remplace un autre défaillant. Quand la voie royale est bouchée, on construit un chemin buissonnier. À qui on va devoir la vie. Une dérivation cruciale ; une sorte de bretelle qui maintient le flux sanguin.

À propos de vie, combien de pontages effectués à la sauvette sur le front tchétchène par les spécialistes mondiaux du mal de cœur ?

Les Américains qui se précipitent au chevet du cardiaque n'ont pas mis un seul pied dans les hôpitaux où crèvent les blessés de la sale guerre décidée par le ponté.

Suffit-il de passer le pont ?…

La ville de Königsberg, en Prusse, est baignée par une rivière qui encercle une île, l'île de Kneiphof. Puis la rivière se divise en deux bras. Ce qui fait trois berges à Königsberg, la droite, la gauche et celle située entre les deux bras. Et il y a sept ponts !

Qui se dispatchent ainsi : deux pour passer de l'île à la berge droite, deux autres pour aller de l'île à la berge gauche, un pour aller de l'île à l'entre-deux-bras (EDB), un pour aller de l'EDB à la droite, un dernier enfin pour aller de l'EDB à la gauche. Au cours du XVIIe siècle, une question s'est posée avec insistance aux habitants de la région : existe-t-il un itinéraire qui permette d'aller d'un point à un autre de la ville en traversant chaque pont, mais en ne le traversant qu'une seule fois ? Essayez ! Si vous n'y arrivez pas, et vous n'y arriverez pas, et si cela vous intéresse de savoir pourquoi, lisez la suite.

D'abord, la réponse : un tel itinéraire n'existe pas. De quoi s'agit-il ? De quatre régions : les trois berges et l'île, reliées par sept ponts. En 1736, le mathématicien suisse Leonhard Euler a démontré un résultat général concernant ce type de problème. La partie qui nous concerne affirme que, s'il existe plus de deux régions ayant un nombre impair de ponts y conduisant, un tel

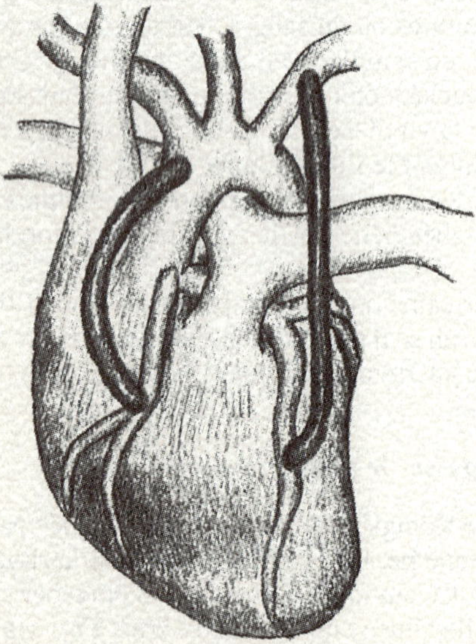

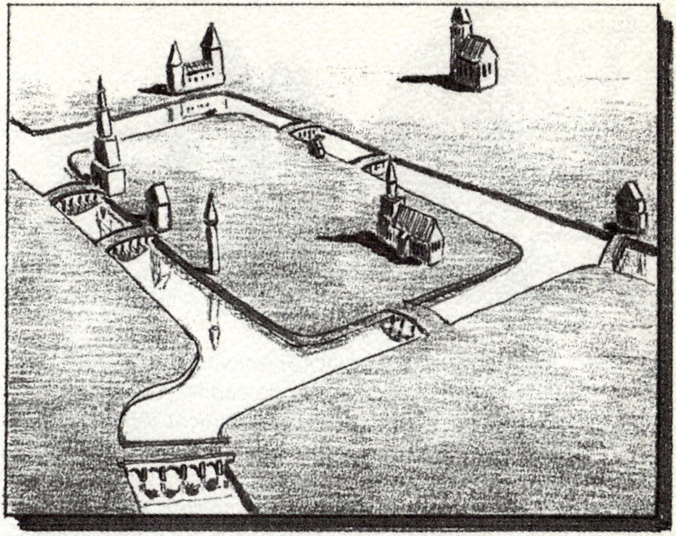

itinéraire est impossible. Dans le cas de Königsberg, les quatre régions ont un nombre impair de ponts y conduisant, respectivement 3, 3, 3, 5. Voilà pourquoi l'itinéraire en question ne peut exister.

La géométrie des formes molles

Ce résultat est un des premiers d'une branche des mathématiques, la géométrie de situation, aujourd'hui actualisée en topologie. C'est une géométrie qui ne s'attache ni à la grandeur, ni à la mesure des figures. Mais à leur situation. Elle prend pour base la position relative des êtres géométriques et s'intéresse aux notions de frontière, de bord, de continuité, de limite, de voisinage. Parfois, on dit qu'il s'agit de la géométrie des formes molles. Soit une forme molle, étirez-la, compressez-la, en prenant garde de ne pas la trouer, ni de la déchirer. Au regard de ce

type de géométrie, les différentes formes obtenues ainsi sont équivalentes ; comme, par exemple, le cercle, le carré, le rectangle, l'ellipse. Les déformations par étirement sont des déformations *continues* ; elles ne violent pas la forme et conservent le *genre*.

Pour la topologie, ce qui compte, ce ne sont pas les coins, mais les trous. Le genre d'une surface déployée dans l'espace est le « nombre de trous » qu'elle comporte. La sphère est de genre 0, le pneu 1, et une monture de lunettes 2. Ce qui signifie qu'il est impossible de transformer sans casse un pneu en monture de lunettes. Et réciproquement ! Par contre, topologiquement parlant, on passe sans violence dudit pneu à une chope de bière munie d'une anse. En l'occurrence, c'est l'anse qui compte, car le trou est dans l'anse, pas dans le reste !

Ni coupure, ni déchirure ! Le contraire donc de ce qui s'est fait dans le cœur de Boris E. Le travail des chirurgiens ayant consisté en une transformation plastique pratiquée à coups de coupures et de déchirures, afin d'établir ces pontages, qui jouent précisément le rôle de l'anse de la chope décrite plus haut.

Je ne suis pas un spécialiste de topologie cardiaque, mais pourrais-je me taire céans et cacher au bon peuple ceci : le cœur de Boris E. a changé de genre, il n'est plus topologiquement le même !

39 Un rien vaut mieux que deux tu l'auras

3 DÉCEMBRE 1996. — *Les routiers ont dressé des barrages autour des principales villes du territoire. Il y a un mois, il était question de pontage, aujourd'hui de barrages. La circulation toujours !*

« Un enfant autiste joue tout seul, sauf qu'il n'est pas seul. Il n'est pas seul et il ne joue pas d'ailleurs… » (Fernand Deligny).

AU MOMENT OÙ, un peu partout sur les routes de France, les « gros culs » élèvent maints barrages étanches ou filtrants, qu'est-ce que je lis sur un aveuglant panneau publicitaire surmontant la bretelle où par inadvertance je m'étais engagé ? Ceci : *« Rien de petit ne rentre dans cette Ranch. »* Je pile. La voiture qui me suit s'arrête à un poil. Sommé par une meute de klaxons de repartir illico, je n'ai pas le temps de relire la phrase suscrite. Était-ce « rien de petit rentre » ou bien « rien de petit ne rentre », à moins que ce ne fût « rien de petit ne rentre pas » ? Que diantre l'énigmatique slogan voulait-il me signifier ?

Butant sur un dictionnaire grand ouvert, j'y découvris que *rien* signifie « quelque chose dans un contexte qui n'est pas affirmatif ». Hautement réconforté, je m'apprêtais à refermer l'ouvrage quand, quelques lignes plus bas : « *rien* signifie "nulle chose", comme auxiliaire négatif de *ne*, etc. » Quatre pages bourrées de citations pour m'éclairer sur les mille usages de « rien ». Substantif singulier, il peut également être pluriel, tant il n'y a pas une seule façon d'être rien. Ainsi sont les « rien-du-tout », qui ne sont pas grand-chose, les « moins-que-rien », qui sont encore moins, et les « rien-de-rien », qui sont un comble.

« Rien », ce n'est pas rien !

Voilà précisément explicitée la pensée qui a présidé à la naissance du zéro. Lorsqu'on a osé considérer que l'absence de quantité était une quantité particulière, est né le nombre nul, le zéro. Pure invention de l'esprit humain. Allez donc trouver zéro dans les choses mêmes ! Non contente d'avoir horreur du vide, la nature est étrangère au zéro.

Et dans son sillage 0 apporta la flopée des nombres négatifs : (–2) est ce qu'il faut ajouter à 2 pour faire 0. Et inversement. Par rapport aux opérations habituelles du calcul, le zéro se place incontestablement du côté du couple addition-soustraction. Comment produire 0 ? En soustrayant n'importe quel nombre à lui-même : $n - n = 0$. C'est en vous donnant exactement ce que vous me devez que j'annule la dette que vous avez envers moi. Donnant-donnant. Les dettes économiques ne sont que des dettes algébriques ; un nombre suffit à les effacer. Mais annule-t-on jamais une véritable dette ?

L'utilisation du zéro dans le champ opératoire multiplication-division est d'une nature tout autre. Elle est semée de dangers. 0 est le Grand Annihilateur ; dans la multiplication, aucun nombre ne lui résiste. Confronté à tout autre que lui, il le réduit à lui-même : $0 \times n = 0$. Et inversement ? Multiplicativement parlant, on ne peut produire du nul qu'à partir du nul. Dit autrement : un produit ne peut être nul que si l'un des facteurs l'est. Le champ du 0 en tant que multiplicateur est, on le voit, fort restreint. Quant à la fonction de division, c'est la Bérézina ; elle est absolument prohibée : on ne divise pas par 0 ! Voyez un mathématicien, dès qu'il écrit une fraction a/b, dans un réflexe, semblable à celui d'une bigote se signant devant un crucifix, d'une main ferme il inscrit sur son livre de comptes : *« si* b *différent de 0 »*.

Pourquoi un interdit si total ? Admettons que l'on puisse diviser par 0. Voilà a, un nombre quelconque non nul ; divisons-le par 0. Alors $a/0$ est égal à quelque chose, par exemple à un nombre b : $a/0 = b$, donc $a = 0 \times b$. Donc $a = 0$. Ainsi, si l'on admet la division par 0, tous les nombres sont égaux à 0 ! Ça fait pauvre !

Les diviseurs de zéro

Coup de théâtre. Comme bien souvent en mathématiques, tout ce qui vient d'être affirmé à propos de 0 est vrai, mais pas partout. Ces affirmations sont valides dans les ensembles de nombres communément utilisés. Mais les mathématiciens en ont créé d'autres, des ensembles de nombres dans lesquels un produit d'éléments non nuls peut être nul. Là, le nul peut être créé par du non-nul ; on peut avoir $a \times b = 0$ sans que ni a ni b soient nuls ! Et savez-vous comment se nomment les éléments dont le produit est nul ? Les *diviseurs de zéro* ! Et comment les mathématiciens nomment les structures où il n'y a pas de diviseurs de zéro ? Des *domaines d'intégrité* !

Nous sommes rien, soyons nous !

Qu'eût été la pensée révolutionnaire si, plutôt que de partir de prémisses négatives, elle s'était nourrie d'une maxime conjuguée à l'affirmative ? Par exemple : « Nous sommes rien, soyons tout ! », ou bien : « Nous sommes rien, soyons nous ! » Serait-ce cela le nihilisme radieux ?

40 Intermittents, travailleurs discontinus

17 DÉCEMBRE 1996. — *Devant les menaces, graves, qui pèsent sur leur régime de chômage, les intermittents du spectacle multiplient les actions « spectaculaires ».*

QU'EST-CE QUE JE LIS ? Que la Société du Spectacle ne veut plus payer ses intermittents ? Là, ils attigent ! Les seuls qui ouvertement font du spectacle, on les jette à la trappe ! Logique ; le spectacle, comme dit Debord, étant partout, pourquoi payer des professionnels pour en faire ?

Savez-vous ce que le CNPF exige ? Que les intermittents deviennent des intérimaires ! Pour être intermittent, il faut avoir travaillé 507 heures durant les douze derniers mois ; pour être intérimaire, 676 heures durant les huit derniers mois. Péréquation : un intermittent devenant intérimaire devrait effectuer 1 014 heures au lieu de 507. Le double exactement ! Les mots différents cachent souvent des choses différentes.

Définissons ! Un intermittent est quelqu'un qui ne travaille pas tout le temps. Mais qui doit avoir suffisamment travaillé pour avoir le droit de ne pas travailler le reste du temps. Et un chômeur intermittent ? C'est quelqu'un qui ne travaille pas tout le temps. Mais qui doit avoir suffisamment pas travaillé pour avoir le droit de travailler le reste du temps.

Continu-discontinu

L'image que nous avons de la continuité est celle d'un tracé accompli sans lever le crayon ; un tracé ininterrompu.

Quand le tracé s'interrompt, il est bien difficile de savoir s'il s'agit d'une discontinuité ou bien d'un arrêt. C'est comme quand on lance une pierre ; des fois, elle ne retombe pas, alors c'est un oiseau.

Si l'on parle de discontinuité, et pas d'arrêt, c'est que l'on a idée que cela va reprendre. Mais voilà, on ne sait pas où ni quand. C'est cela un saut.

Une discontinuité n'est pas une interruption, encore moins un arrêt ; elle est une continuation, une poursuite sur un mode imprévisible. C'est ce que s'épuisent à répéter les gens du spectacle : un intermittent continue de travailler en dehors des heures rétribuées. La nature de son travail comporte des sauts brusques, situés au passage d'une période où il joue à une autre où il ne joue pas. Un intermittent est un travailleur discontinu.

Le saut, un moment de liberté

En rompant la continuité, une discontinuité introduit de la liberté dans le déroulement d'un phénomène. À l'endroit où une discontinuité se produit, elle affranchit le phénomène de son passé : ce qui va se passer juste après ne peut être déduit de ce qui s'est passé juste avant. La connaissance du passé n'aide plus à déterminer ce qui va se passer juste après. N'est-ce pas cela que veut signifier le slogan : « Du passé faisons table rase ! » Non pas : oublions le passé ; mais : le passé ne peut servir à produire l'avenir.

Continuité et voisinage

S'il est une notion qui a occupé les mathématiciens, c'est bien celle-ci. Dire qu'une fonction f est continue au point a, c'est dire que sa valeur en a, $f(a)$, est extrêmement voisine de sa valeur en x, $f(x)$, pourvu que cet x soit extrêmement voisin de a. C'est signifier que tous les voisins à l'arrivée proviennent de voisins au départ. Et les mathématiciens de se retrouver dans l'obligation de formaliser la notion d'« extrêmement voisin ».

Pendant des siècles, si ce n'était pas continu, ce n'était pas une fonction. En fait, une bonne fonction était continue et dérivable. Formidable outil qui permettait de représenter les phénomènes déterministes que la physique proposait pour décrire le monde : ce qui se passe à chaque instant permet de déduire ce qui va se passer immédiatement après. Les fonctions cool-Raoul.

Inutile de dire que cela a terriblement changé depuis. La continuité, qui était une condition nécessaire d'existence, est devenue une propriété parmi d'autres.

Une discontinuité à donner le vertige

En 1877, pour les besoins de ses démonstrations, Georg Cantor construit une fonction de nature vraiment différente des fonctions habituelles. L'ayant étudiée, voilà ce que lui répond son collègue Dedekind : « Vous êtes obligé d'introduire dans la correspondance [lire : fonction] une discontinuité à donner le vertige, qui réduit tout en atomes, telle que toute partie continûment connexe si petite qu'elle soit de l'un des domaines a une image complètement déchirée, discontinue. »

Des fonctions discontinues, non pas en quelques endroits, mais partout. Des fonctions *partout discontinues* ! Qui vont littéralement faire exploser les ensembles de départ ; tous les points infiniment proches atrocement dispersés, toutes les proximités de départ pulvérisées. Plus rien à l'arrivée de ce qui constituait les solidarités d'origine. Ça vous rappelle quelque chose ?

« Interim », adverbe latin signifiant « pendant ce temps »

Oui, pendant ce temps, qu'est-ce qui se passe ? Les intérimaires intériment, les intermittents intermittent. Nous allons vers une société au travail spasmodique, peuplée de travailleurs rémittents. Un funambule qui pendant une année entière n'a pas passé une seule journée sur un fil, est-ce un intermittent de l'équilibre ou un intérimaire de la gravitation ?

41 À Raoul Bricard, le patronat reconnaissant

14 JANVIER 1997. — *Alors que le CNPF fait le forcing pour imposer la flexibilité à la société française, les Séouliens se révoltent contre les lois sociales répressives que les grands groupes (les* chaebols*) veulent imposer à la société coréenne.*

MILLE NEUF CENT QUATRE-VINGT-DIX-SEPT. En grande pompe, dans quelques semaines nous fêterons le centenaire d'une découverte capitale pour les rapports sociaux. C'est en effet durant l'année 1897 que le jeune Raoul Bricard, il avait tout juste vingt ans à l'époque des faits, fit sa découverte.

La leçon d'anatomie

Visages sévères, penchés sur le corps arthritique de la société, les médecins patronaux, de Séoul à Paris en passant par partout, pondent leur diagnostic : « Ça manque de souplesse, ça ! Flexions piteuses, élasticité minable, articulations boueuses ; bref, rigidité cadavérique. » À quoi des carabins obscènes répliquent : « Non, non, saint Éloi n'est pas mort puisque… » Vous connaissez la suite, rigidité encore.

Que demandent les doctes docteurs ? Une plus grande flexibilité du marché du travail… pour résorber le chômage. Un assouplissement de certaines règles… pour rendre l'économie française plus réactive. Des facilités de licenciement… pour pouvoir embaucher. Appliquant la règle bien connue des gros bouffeurs : faire le vide pour faire le plein, deux doigts dans la bouche et l'appétit revient. En gros, donnez-nous la possibilité de foutre les gens dehors, cela nous permettra de les reprendre… LIBREMENT.

Danseuses graciles contre statues lourdaudes

On n'en sortira pas, les mots sont les mots, même si ce sont les mots des autres. Flexible, cela veut dire « qui se laisse courber », « qui plie », « qui cède aisément aux impressions, aux influences », « qui s'accommode facilement des circonstances ». Que demandent les circonstances ? Qu'on lourde ? Alors, lourdons ! Soyez flexible, accommodez-vous facilement des circonstances qui demandent qu'on vous lourde, que diable ! Fini le travailleur rigide, modèle manche à balai qui ne cède pas aux influences. Vive l'employé à l'échine flexible, qui se laisse courber. Qui plie. Mais ne rompt pas. Aaah…

À ma droite, souplesse et flexibilité ! À ma gauche, inflexibilité et rigidité ! D'un côté, les danseuses graciles du show des décideurs, de l'autre, les statues lourdaudes du cirque populaire. David sautillant monté sur ressorts contre Goliath ankylosé pataugeant dans la gadoue, voilà, tel que présenté « objectivement », le match qui va opposer les tutus aux carapaces, en cette année 1997. 1997, justement, l'année du centenaire de l'invention de Raoul Bricard !

À la recherche des flexaèdres

Celui qui construit une figure géométrique, tu parles que cela l'intéresse de savoir si elle est rigide ou flexible. Ce carré aux côtés métalliques, si on soude ses côtés, rien ne bouge. Mais qu'on les laisse jouer, il s'étire, change de forme, devient losange. Il flexe. Essayez avec un pentagone, un hexagone… ils flexent aussi. Si vous voulez que la structure soit rigide, il faut verrouiller. D'elle-même, elle ne tient pas la forme. N'importe quel polygone articulé est flexible. Là, Gandois exulte : « J'achète ! Même en maths, ça flexe ! » Bémol. N'importe quel polygone, sauf un ! Le triangle. Allez-y, poussez, appuyez, tirez, rien. Il est inflexible. Le triangle est l'unique structure rectiligne indéformable du plan ; voilà pourquoi les architectes lui portent une telle affection.

Et dans l'espace, ça flexe aussi ? Là, il ne s'agit plus de polygones, mais de polyèdres, qui sont des solides dont les faces sont des polygones. Ni la sphère, ni le cône, ni le cylindre n'en sont, la pyramide et le cube, oui. Rendez rigides les faces, et laissez les articulations jouer, ça flexe ou pas ?

Aucun des polyèdres à faces rigides que l'on auscultait ne flexait. Et l'on en auscultait ! En 1813, Augustin Cauchy alla jusqu'à démontrer que tous ceux qui étaient convexes étaient rigides. Tout le monde était persuadé que c'était le cas pour les autres aussi. Jusqu'en 1897. Cette année-là, Raoul Bricard construisit un polyèdre métallique FLEXIBLE à huit faces ! L'octaèdre de Bricard. Le *flexaèdre* existe, je l'ai rencontré !

C'est Connelly, en 1978, qui découvrit le premier flexaèdre sans auto-intersection. Il en fit même un modèle en carton, possédant 24 sommets, 66 arêtes et 44 faces. Dans l'espace, la flexibilité, c'est très hard à trouver. Et comme elle fourmille dans le plan, je subsume que le rêve du patronat est de mettre la société à plat, à plat ventre s'entend, pour la rendre flexible à ses désirs ? Avons-nous un avenir mou ?

Il y avait « la carotte ou le bâton », toutes deux choses rigides, y aura-t-il désormais « la banane ou le chewing-gum » ?

P.S. Le langage de Jean Gandois, président du CNPF, vient de s'assouplir, il parle maintenant d'*assouplissement*. Ce qui n'est pas le cas de Rebuffel, président de la CGPME (Confédération générale des petites et moyennes entreprises), pour qui il faut « faire voler en éclats toutes les contraintes du droit du travail ».

42 Contact(s) !

28 JANVIER 1997. — *Vendée Globe. Bientôt dix jours que l'on est sans nouvelles du navigateur solitaire Gerry Roufs.*

L'OCÉAN, LÀ-BAS. ON a perdu le contact avec Gerry Roufs. Mais Gerry, lui, a-t-il perdu le contact avec nous ? Dans les services secrets, le chef du réseau peut contacter ses agents ; eux, la plupart du temps, ne le peuvent pas. Sécurité oblige. Dans la langue courante, « être en contact » n'est pas nécessairement réversible.

Des fois, je ne sais pas pourquoi, je me prends la tête avec de drôles de questions. Par exemple, est-ce qu'un faux contact est un contact ? Réflexe de matheux, revenir à la définition : « état relatif de plusieurs corps qui se touchent ». Le mot est tombé : toucher. Qu'est-ce que cela veut dire, toucher, au fond ? Au fond, je ne sais pas bien. Au son, oui, cela vient de *toccare*. Et *toccare*, c'est « faire toc-toc ». Au début, donc, toucher, cela faisait du bruit. Peut-être que cela faisait du mal aussi ; à la cloche que dans le beffroi l'on heurtait violemment, sûrement. Faire toc-toc pour établir le contact, tac-tac, chante Gainsbourg, dans *Harley Davidson*.

Les empêcheurs de se toucher en ligne

Tout d'abord faire sauter une idée reçue. Deux points ne se touchent jamais ! La texture de l'univers géométrique le leur interdit. En voilà deux. Ou bien ils sont le même, ou bien ils sont différents. S'ils sont différents, on peut toujours en glisser un autre « entre », qui les séparera et les empêchera de se toucher. En géométrie, chaque point est pour tous les autres un empêcheur de se toucher en ligne. Pour eux, il n'y a de choix qu'entre la (con)fusion et la séparation.

« Avoir des points communs », suivant l'expression du langage courant, c'est précisément, en mathématiques, une condition nécessaire pour être en contact. « Des » signifiant au moins un, pas forcément plusieurs. Mais, pour des figures géométriques, « se couper », n'est-ce pas justement avoir des points en commun ? Oui, oui… Pour s'en sortir, il va falloir opérer dare-dare une démarcation entre « être en contact » et « se couper ». Cela veut dire quoi, au fond, se couper ? Passer de l'autre côté, passer au travers. Comment être en contact sans passer au travers ? C'est la question.

Friser, ou bien frôler, n'est-ce pas toucher sans passer à - travers ? Euh… Frôler, oui, mais pas friser. Friser, c'est passer très près, alors que frôler, c'est toucher légèrement. Moins que frôler, c'est friser ; plus que friser, c'est frôler. En un mot, friser n'est pas toucher. La caresse est un frôlement, pas un frisage. Caramba ! le coup passa si près que… ça, c'est un frisage.

Qu'est-ce que cela peut bien vouloir signifier qu'une figure en caresse une autre ?

Droite et cercle. Rencontre

La droite est infinie, le cercle est fermé. Cela oblige toute droite qui « entre » dans un cercle, à en ressortir. Une droite ne revenant pas sur ses pas, sortie du cercle elle ne peut le recouper. Dit autrement : si elle le coupe, elle ne peut le couper qu'en deux points et deux seulement. C'est une *sécante*. Trois cas possibles, donc : zéro, un, deux points communs. Zéro : la rencontre n'a pas lieu, pas de contact. Deux : droite et cercle se coupent. Un : la droite est en contact avec le cercle, parce qu'elle a « des » points communs avec lui (puisqu'elle en a un)

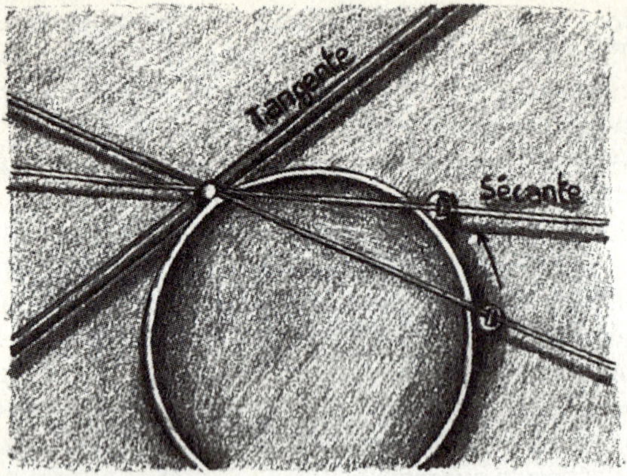

ET elle ne le coupe pas (puisqu'elle n'en a pas deux). Être en contact sans se couper, c'est la *tangence*.

Pour construire une tangente, il faut partir du fait que « un », c'est souvent « deux » qui se confondent. Les sécantes ont deux points de contact ? S'ils se rapprochent et qu'ils tendent l'un vers l'autre, il n'y en aura plus qu'un. Cette sécante limite, quand elle existe, est la tangente. La tangente est toujours une position limite.

Il y a de l'effleurement dans la tangence

Il faut le dire tout cru, parler de contact indirect est paradoxal. Cela voudrait dire que l'on a « indirectement » des choses en commun ! Quitte à patauger dans le pléonasme, réaffirmons que le contact est, et n'est que, direct.

Mais si nous deux ne sommes pas en contact, rien n'empêche de chercher un tiers qui, lui, le serait avec chacun de nous. C'est la question du médiateur ; aussi compliquée en maths que dans la vie.

Apollonios de Perga, au IIIe siècle avant J.-C., a posé la question avec trois cercles dans un plan. Il a demandé d'en tracer un quatrième, tangent à tous les trois. Dix-huit cents ans plus tard, Pierre de Fermat a levé plus haut la barre : « Quatre sphères étant données de grandeur et de position, trouver celle qui les touchera toutes. » Trouver la sphère de contact.

Du contage au comptage

La contagion, est-ce un contact qui a mal tourné, ou trop bien fonctionné ? C'est qu'à pousser trop loin le contact, on provoque la contagion. Les bons comptes parfois font de « bons » (?) contages. Les fabricants professionnels de sang contaminé qui, à tant vouloir « toucher », ont provoqué la contagion que l'on sait, pourraient nous en toucher un mot. Dites, ça frise le criminel, tout ça. Ça le frise ou ça le frôle ?

Avoir frisé la mort, c'est en avoir senti le souffle, l'avoir frôlée, c'est y avoir mis le bout du bout du pied… et l'avoir heureusement retiré à temps.

43 Les irréguliers

11 FÉVRIER 1997. — *Le gouvernement s'apprête à faire voter au Parlement les lois sur l'immigration.*

LES SCIENCES PASSENT LEUR TEMPS à rechercher des régularités. Les services de Debré passent le leur à pourchasser les irréguliers. Chassé-croisé. Être régulier, c'est être conforme à la règle. Ainsi, dans le monde des marchés publics, BTP, etc., la règle étant de payer des pots-de-vin, les fameux « par-dessus le marché », les « irréguliers » sont ceux qui s'y refusent.

Ah, les lois ! Elles font le blanc, elles font le noir. Celle de Pasqua-Debré sont de superbes fabriques d'irréguliers : hier, vous ne l'étiez pas, vous l'êtes aujourd'hui. Quant à celle que Toubon concocte sur les abus de biens sociaux, quelle splendide fabrique de réguliers elle s'apprête à être ! Contrevenants à la règle, vous l'étiez hier, vous ne le serez plus demain. Chassé-croisé.

Régularités-règle : les charrues et le bœuf

Le plus souvent, la régularité devance la règle. Dans notre compréhension du monde, ce sont les charrues qui précèdent le bœuf. On commence par déceler des… comment dirais-je… régularités ; et on se dit qu'il doit bien y avoir une raison qui les force à être telles. Quelle est la règle qui les fait régularités ? En physique, la règle s'appelle loi ; en maths, théorème ; dans la vie, principe, commandement, prescription, coutume, usage.

C'est exactement ce qui s'est passé avec les polyèdres ; vous

vous souvenez : « À Raoul Bricard, le patronat reconnaissant » ? Un mois déjà. Il y a les réguliers et les irréguliers. Comme partout. Les réguliers, les anciens Grecs les ont dégottés, les uns après les autres. Ils en ont compté cinq, pas un de plus, pas un de moins ! De là à affirmer que c'étaient les seuls… Platon les a beaucoup chantés et leur a offert une place de choix dans sa conception de la structure du corps du monde. Depuis, ils sont célébrés comme les *solides de Platon* : le tétraèdre à 4 faces, le cube à 6, l'octaèdre à 8, le dodécaèdre à 12, l'icosaèdre à 20. Et savoir pourquoi il n'y a que ceux-là ; ce fut un satané travail. Quelle règle a produit cette régularité-là ?

L'opération point noir. Simplifier la vie

Si j'ai la règle et si je te sais régulier, je sais comment tu vas te comporter. Je peux te prévoir ! Qui est prévisible est attendu. Qui est attendu est entendu par avance. La régularité implique la clairvoyance. Et la surdité. En tout cas, elle simplifie grandement les choses. C'est précisément ce qui se passe en algèbre.

Soit l'opération point noir « • », un objet *a* est *régulier à droite* (pour •) si

$$[x \bullet a = y \bullet a] \Rightarrow [x = y].$$

Il est régulier *à gauche* si

$$[a \bullet x = a \bullet y] \Rightarrow [x = y].$$

Et il est régulier tout court s'il est régulier à droite et à gauche. Dans les calculs, c'est un cadeau que la régularité ! Elle sert à pouvoir SIM-PLI-FIER ! Qu'est-ce que dit la formule :

$$[a \bullet x = a \bullet y] \Rightarrow [x = y] ?$$

Que si *a* est présent de façon semblable des deux côtés de l'égalité, on peut le virer. Donc : 1º C'est plus simple. 2º Cela m'informe sur *x* et *y*. Ils sont égaux.

Addition. Tous les nombres sont réguliers. Multiplication. Tous les nombres sont réguliers. Sauf zéro ! La régularité de zéro pour la multiplication entraînerait un désastre numérique ! $0 \times 2 = 0 \times 3$ entraînerait $2 = 3$! Et caetera !

En algèbre, ce n'est pas l'opération qui est régulière, ni même d'ailleurs un élément, c'est un élément par rapport à une opération. C'est le lien qui est régulier. Ou pas. 0 est régulier pour l'addition, mais pas pour la multiplication, ni pour l'élévation à la puissance.

Question. Peut-on être régulier à droite et pas à gauche, ou inversement ? Oui. Pour l'élévation à la puissance, tous les éléments sont réguliers à gauche :

$$a^n = a^m \Rightarrow n = m.$$

Par contre, ils ne sont pas réguliers à droite. Un contre-exemple suffit : $3^2 = (-3)^2$ n'entraîne pas $3 = (-3)$.

Si le résultat de l'action de *a* sur *x* et *y* est le même, alors *x* et *y* sont les mêmes. On peut « remonter » du résultat de l'opération aux acteurs de l'opération. Dans le cas contraire, on ne le peut pas : si *a* n'est pas régulier, et si, opérant sur *x* et *y*, cela donne le même résultat, celui-ci ne me permet pas de savoir s'il provient de *x* ou de *y*. On ne peut avoir des résultats égaux si on ne part pas d'éléments égaux.

Papon. Celui qui avait une famille, ceux qui n'en avaient plus

Sous le régime de Vichy, l'increvable Papon était régulier. Régulier au point d'en faire crever les autres. Parfois, pour la bonne marche des services, il faudrait dresser des panneaux : « Attention, réguliers ! » Comme, sur les routes de campagne, ceux que dresse la Prévention Broutière : « Attention, passages de troupeaux. »

ANNEXES

Un petit plus

Annexe de la chronique 1

Frontière

Pour Euclide, la notion de frontière est une notion première de la géométrie. Les définitions 13 et 14 des *Éléments* la concernent :

— Une frontière est ce qui est limite de quelque chose.

— Une figure est ce qui est contenu par quelque ou quelques frontières.

Le coloriage des cartes

Lorsque l'on dresse une carte afin de rendre visibles les frontières, une des contraintes que l'on se donne consiste à colorier avec des couleurs différentes deux pays ayant une frontière commune. En 1852, un étudiant anglais, Francis Guthrie, émit l'hypothèse qu'il est possible de colorier n'importe quelle carte plane à l'aide de quatre couleurs seulement. Cette conjecture résista aux efforts des mathématiciens un bon siècle. Elle ne fut démontrée qu'en 1976. Et porte, depuis, le nom de *théorème des quatre couleurs*.

Mais voilà, la démonstration a été effectuée de façon, disons, inhabituelle : le raisonnement des mathématiciens a été complété par l'usage intensif (plus de 1 000 heures) d'un ordinateur. La question est posée de savoir si un tel procédé de preuve par la machine peut être considéré comme une démonstration mathématique.

Précisons la nature géométrique du support de la carte en question. Il s'agit bien sûr, d'une surface. Mais les mathématiques offrent différents types de surfaces. Cette « différence » est de nature *topologique*. La topologie étant le domaine des mathématiques qui s'intéresse à la position relative des êtres géométriques ; on y traite des notions de frontière, de bord, de continuité, de limite, de voisinage.

Topologie

« L'étude des lois qualitatives des relations de lieu [...] est susceptible, j'en ai la conviction profonde, d'une méthode de recherche exacte », écrit Johan Benedikt Listing en 1836. Le terme de « géométrie » ne pouvant « décemment caractériser une science d'où les notions de mesure et d'extension sont exclues, comme en outre on a déjà attribué la dénomination de géométrie de position à une autre discipline, et comme finalement notre science n'existe pas, je me servirai du nom convenable, me semble-t-il, de *topologie* ».

Plus d'un siècle auparavant, Leibniz définissait cette « science à venir comme l'étude de la connexion et des lois de la situation réciproque des corps dans l'espace, indépendamment des rapports de grandeur, qui, eux, sont du ressort de la géométrie ». Il lui donne le nom d'*analysis situs*.

En fait, le nombre de couleurs pour le coloriage d'une carte dépend de la nature topologique du support. Il suffit de 4 couleurs pour le plan et la sphère, et, par exemple, de 7 pour une « chambre à air ».

Fractions

Les Babyloniens et les Égyptiens employaient des fractions particulières, les *quantièmes*, dont le numérateur est 1 (1/2, 1/3, ...) et aussi quelques fractions simples comme 2/3 ou 3/2. C'est aux Grecs que l'on doit la notion générale de rapports de deux entiers.

Diophante, mathématicien hellénistique du IVe siècle, est l'un des premiers à utiliser une notation non empreinte d'ambiguïté : il représente une fraction par un nombre sur l'autre, le dénominateur étant placé au-dessus du numérateur. Plus tard, on inversera les positions respectives, le numérateur se retrouvant au-dessus, et l'on utilisera la « barre de fraction » qui représente l'abréviation de *fatto*, « rompu » en italien. Une fraction est un nombre rompu.

ON PEUT LIRE :

Ian Stewart, *Les Mathématiques*, Belin, 1989.

Euclide, *Les Éléments* (traduction et commentaires par Bernard Vitrac), PUF, 1990, vol. 1.

Jean-Claude Pont. *La Topologie algébrique. Des origines à Poincaré*, PUF, 1974.

Annexe de la chronique 2

Concernant les nombres, les penseurs grecs avaient tenu à distinguer la logistique, science du calcul, de l'arithmétique, science des nombres.

Archimède, sans conteste l'un des plus grands savants grecs, vécut à Syracuse au cours du IIIe siècle avant J.-C. Le titre de son ouvrage consacré aux nombres, *L'Arénaire*, vient de *arena*, sable (d'où provient l'*arène*). Dédié au roi Gélon qui règne sur Syracuse, le traité commence par cette phrase : « D'aucuns pensent, roi Gélon, que le nombre de grains de sable est infiniment grand, et ils visent ainsi, non seulement le sable des environs de Syracuse et du reste de la Sicile, mais encore celui qui gît dans toute contrée habitée et inhabitable. »

Pour évaluer le nombre recherché, Archimède place un certain nombre d'intermédiaires de grandeurs croissantes entre le grain de sable et l'univers. Parmi ceux-ci, une graine de pavot !

« Si l'on rassemble un volume de sable non supérieur à une graine de pavot, le nombre de grains de sable ne dépassera pas dix mille, tandis que le diamètre d'une graine de pavot n'est pas inférieur à un quarantième de doigt. Ces données ont d'ailleurs été relevées de la manière suivante : des graines de pavot ayant été déposées en ligne droite sur une règle polie, de manière à se toucher l'une l'autre, vingt-cinq de ces graines ont occupé un espace supérieur à la longueur d'un doigt. »

Le système mis au point par Archimède est d'une puissance colossale, il permet d'atteindre des nombres qu'aujourd'hui on représenterait par 1 suivi de 80 millions de milliards de chiffres. Nombre qu'Archimède nommait par ces sept mots : *hai myriakysmyriostas periodou myriakysmyriostôn arithmôn myriai myriades*. En français : une myriade de myriades d'unités du myriade-de-myriadième ordre de la myriade-de-myriadième période.

Mais, aussi prodigieux soit-il, ce système a une capacité limitée. Ce qui n'est pas le cas des numérations de position.

Qu'il s'agisse de la numération babylonienne (– 1850), de la numération chinoise savante (– 200), de la numération maya (premier millénaire) ou de la numération indienne (vers 500 de notre ère). Remarquons que les numérations les plus achevées sont toutes non occidentales ; elles sont nées hors de l'univers culturel gréco-romain-judéo-chrétien.

Il est cocasse que, pour exprimer les grands nombres, on emploie le mot *légion*, alors que la numération romaine est l'une des plus poussives quant à sa capacité de production de grands nombres.

Nombre d'Avogadro

Le nombre d'atomes dans l'univers observable avoisine, selon les connaissances actuelles, des nombres qui s'écriraient 1 suivi de 79 zéros (10^{79}) ! Nombre calculé à partir du nombre d'Avogadro, qui vaut $6{,}022 \times 10^{23}$, et qui représente le nombre d'atomes dans 12 grammes de carbone. C'est aussi, approximativement, le nombre d'atomes d'hydrogène dans un gramme d'hydrogène. Ce nombre tire son nom d'Amedeo di Quaregna e Ceretto, comte d'Avogadro, physicien italien (1776-1856), qui a établi la distinction entre atome et molécule.

On peut lire :

Georges Ifrah, *Histoire universelle des chiffres*, Laffont, coll. Bouquins, 1994.

David Wells, *Le Dictionnaire Penguin des nombres curieux*, Eyrolles, 1995.

François Le Lionnais (avec la collaboration de Jean Brette), *Les Nombres remarquables*, Hermann, 1983.

E. Rousseau, *Le Crime de dénombrement*, in *Le Nombre en Méditerranée*, Le Cheval de Troie, Bordeaux, 1995.

Archimède, *L'Arénaire*, in *Œuvres*, Les Belles Lettres.

Annexe de la chronique 3

Entre 1870 et 1890, le mathématicien Georg Cantor fonde la théorie des ensembles. À la base de cette théorie se trouve le signe $\in$, *epsilon*, cinquième lettre de l'alphabet grec, équivalent au *é* français ; *é* comme *élément*. Notation introduite par le mathématicien Giuseppe Peano (cf. Annexe de la chronique 15). La relation de non-appartenance se note $\notin$.

Définir un ensemble, c'est être capable, quel que soit un objet de l'univers, de répondre s'il lui appartient ou non. On dispose de deux façons de définir un ensemble. Exhiber la liste exhaustive des éléments, définition *en extension*. Donner une propriété caractéristique que doivent posséder les éléments de l'ensemble, définition *en compréhension*.

L'ensemble de tous les ensembles

Si l'ensemble E de tous les ensembles existait, il serait constitué par l'union de l'ensemble $A = \{X, X \notin X\}$, composé des ensembles qui ne sont pas éléments d'eux-mêmes, et par l'ensemble $B = \{X, X \in X\}$, composé des ensembles qui sont éléments d'eux-mêmes. A étant un ensemble, il appartient à E, donc il appartient soit à A, soit à B. Supposons que $A \in A$, alors, suivant la définition de A, $A \notin A$.

Supposons que $A \in B$, alors, suivant la définition de B, $A \notin A$.

Ainsi $A \in A \Rightarrow A \notin A$ et $A \notin A \Rightarrow A \in A$. Donc A ne peut appartenir à E. L'existence de l'ensemble de tous les ensembles est contradictoire.

Cette révélation a été à l'origine d'une crise grave, la crise des fondements. Plusieurs voies ont été proposées pour la résoudre. L'une consiste à envisager une notion plus large que celle d'ensemble, la notion de classe, et à définir un ensemble comme une classe « pas trop grande ». Une autre voie, la théorie des types, proposée dans les années 1910 par Bertrand Russell et A.N. Whitehead, consiste à établir une hiérarchie entre ensembles et à n'autoriser l'appartenance qu'entre une entité et une autre d'un ordre supérieur.

Urbanisme

Définition d'un grand ensemble : « groupe d'immeubles rassemblant au moins mille appartements, construits dans un délai de l'ordre de cinq ans au plus selon un plan général comprenant des équipements collectifs ».

ON PEUT LIRE :

Jacques Roubaud, *Mathématique :*, 1997, Éd. du Seuil, p. 77.

Annexe de la chronique 4

Le cône est la figure de l'espace engendrée par les droites qui passent par un point fixe et qui s'appuient sur un cercle. Il est donc constitué de deux nappes qui s'étendent symétriquement de part et d'autre du sommet. Au mathématicien grec de l'école d'Alexandrie, Apollonios de Perga, astronome et géomètre (IIIe siècle avant J.-C.) on doit d'avoir donné leur nom à l'ellipse, la parabole et l'hyperbole, dans son ouvrage *Le Traité des sections coniques*.

On peut remarquer que les termes désignant les coniques ont été largement utilisés dans la langue non mathématique. Ainsi de « parabole », synonyme de comparaison, d'allégorie ; ainsi d'« hyperbole », synonyme d'exagération, excès, emphase ; et d'« ellipse ».

Depuis le IIIe siècle avant J.-C., l'étude des sections coniques a été l'un des champs favoris des géomètres. Cette origine commune des coniques ne pouvait que se retrouver dans les équations qui les représentent analytiquement. Descartes découvrit qu'elles pouvaient toutes être représentées par des fonctions du second degré ; l'équation générale des coniques dans le plan étant

$$ax^2 + by^2 + 2\,cxy + 2\,dx + 2\,ey + f = 0$$

a, b, c, d, e, f étant des nombres réels ; l'un des trois premiers, a, b, c, devant être nécessairement non nul.

Planetes, en grec, signifie errant. Les Anciens désignaient les planètes comme des errantes pour les distinguer des étoiles qui, elles, semblent fixes. Le ciel des Anciens se présentait comme la sphère des fixes dans laquelle se déplaçaient les planètes.

Pour Kepler, de toutes les hyperboles, la plus ouverte est la ligne droite, tandis que la plus aiguë est la parabole ; de même, de toutes les ellipses, la plus aiguë est la parabole, la plus ouverte est le cercle.

Kepler mit en évidence que la trajectoire de Mars est une ellipse ayant pour foyer le Soleil. Dans *Astronomia Nova* (1609), il écrit : « Je faillis devenir fou à chercher une raison expliquant pourquoi la planète préférait une orbite elliptique… Ah ! quel étourdi j'ai été. »

ON PEUT LIRE :

Jean-Pierre Vernant, *Mythe et pensée chez les Grecs*, Maspero, 1965.
Raymond Queneau, *Les Fondements de la littérature*, in *La Bibliothèque oulipienne*.

Annexe de la chronique 5

C'était en Perse, du temps du roi Cambyse (VIe siècle avant J.-C.) ; sept conjurés décident de mettre fin au pouvoir des Mages qui régnaient en despotes sur la cité. Ils y parviennent. La question se pose de savoir lequel des sept va régner. Otanes, l'initiateur du complot et le plus prestigieux des conjurés, déclare : « Je ne veux ni commander ni obéir, mais si je renonce au pouvoir c'est à la condition que je n'aurai pas à obéir à l'un de vous ; ni moi, ni aucun de mes descendants à l'avenir », rapporte Hérodote dans *L'Enquête*, III, 83.

En refusant de commander, Otanes refuse d'être le plus grand élément ; en refusant d'obéir, il exige d'être un élément maximal.

Aujourd'hui encore, écrit Hérodote, sa famille, seule en Perse, demeure pleinement indépendante et n'obéit qu'aux ordres qu'elle veut bien accepter, aussi longtemps qu'elle ne transgresse pas les lois du pays.

Toujours en Grèce, Cinadon justifie ces projets révolutionnaires par la volonté de « n'être, à Lacédémone, l'inférieur de personne ».

Ensembles ordonnés

Parmi les structures que l'on peut définir sur un ensemble, la structure d'ordre est l'une des plus fréquentes. La relation d'ordre est souvent représentée par l'un des deux signes : « $<$ », inférieur strictement ; « $\leq$ », inférieur ou égal. Pour tout élément a, on peut écrire $a \leq a$, et jamais $a < a$.

Si $a \leq b$ et $b \leq a$, alors $a = b$. Cette propriété, l'*antisymétrie*, est l'un des moyens dont on dispose pour démontrer l'égalité dans les ensembles ordonnés.

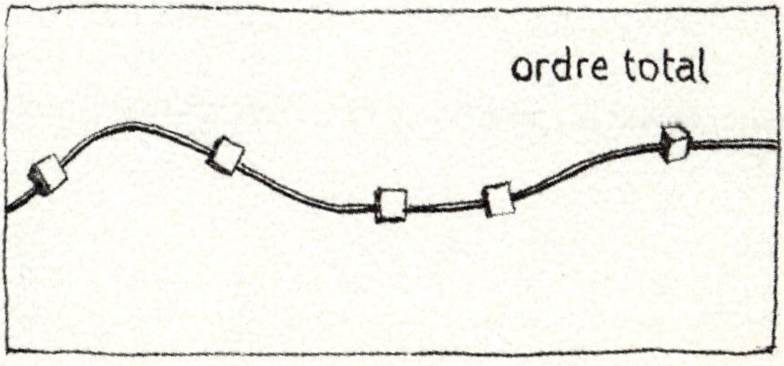

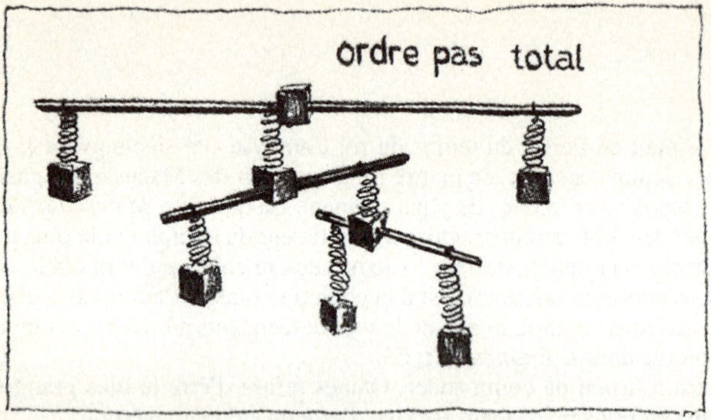

Souvent, on confond ordre et *ordre total*. Un ordre est total si, quels que soient deux éléments, l'un est plus grand que l'autre. C'est dire que l'on peut comparer tous les éléments de l'ensemble sur lequel un ordre total est défini ; ce qui n'est pas le cas en général. Un ordre total peut être représenté sur une ligne qui ne se recoupe pas.

Les entiers naturels, les nombres rationnels, les nombres réels sont totalement ordonnés par la relation d'ordre usuelle. Ce qui n'est pas le cas des nombres complexes.

Si le nombre d'éléments de l'ensemble est fini, l'ordre peut être représenté par un groupe d'*arbres*. Ainsi en est-il de l'ordre généalogique dans un ensemble d'humains. L'ordre représenté par l'« arbre » ci-dessous n'est pas un ordre total.

On peut lire :

« Ensembles ordonnés », in *Encyclopédie Théma*, Larousse, 1990, vol. « Science et technique ».

Annexe de la chronique 6

Triangle, triomphe du trois

Outre ses trois côtés et ses trois angles, le triangle s'offre trois médianes, trois bissectrices, trois médiatrices et trois hauteurs. Chacun de ces triplets de lignes droites est concourant ; le point de concours des premières est le centre de gravité du triangle, celui des deuxièmes, le centre du cercle inscrit, celui des troisièmes, le centre du cercle circonscrit au triangle.

Ce qui est remarquable dans les triangles, c'est à quel point ce qui arrive aux angles rejaillit sur les côtés. Et réciproquement, bien sûr. Deux côtés égaux, alors deux angles égaux ; deux angles égaux, alors deux côtés égaux ; trois côtés égaux, alors trois angles égaux… La première de ces propriétés a été, dit-on, énoncée par Thalès au VIe siècle avant J.-C.

De toutes les figures géométriques planes, le triangle est sans doute celle qui a fourni le plus de théorèmes. L'étude de ces propriétés constitue ce que l'on appelle la géométrie du triangle qui, durant des siècles, a fourni le plat de résistance de l'enseignement de la géométrie.

Les liens entre la valeur d'un angle et les côtés adjacents ou opposé à cet angle sont exprimés par les fonctions trigonométriques : sinus, cosinus, tangente, cotangente. Les valeurs de ces fonctions étant répertoriées dans des tables, on peut « remonter » des valeurs des angles à celles des côtés, et inversement.

La somme des angles d'un triangle est égale à 180°

Bornons-nous, dans un premier temps, au plan. Le fait que la somme des angles soit égale à 180° est une condition d'existence des triangles. Si la somme est plus grande, ou plus petite, cela ne fait pas un triangle. Pour que cela se « referme » et que cela se referme correctement, il faut que les angles se soumettent à cette condition. Pascal, gamin, a demontré tout seul cette propriété. Pleurant de joie, son père, Étienne, lui offrit à cette occasion les *Éléments* d'Euclide.

Traçons à présent un triangle sur une sphère de la façon suivante : on choisit trois points non situés sur un même grand cercle et on les joint par des arcs de grand cercle. La somme des angles de ce triangle sphérique est supérieure à 180°.

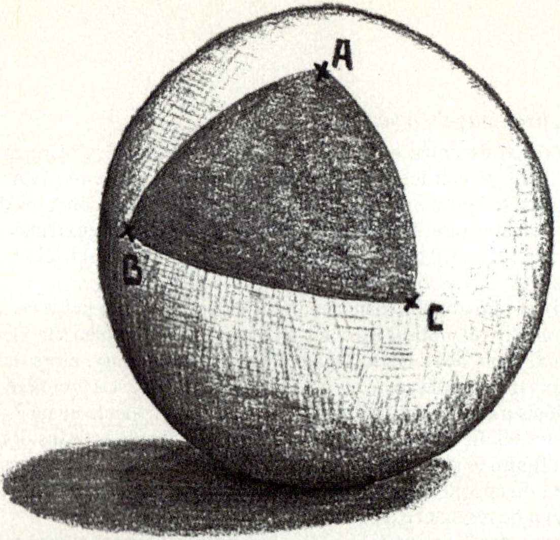

Les mathématiciens ont démontré que la valeur de cette somme, plus que d'être une propriété intrinsèque du triangle, est une propriété de l'espace lui-même dans lequel ce triangle est tracé. Elle caractérise l'espace. Ainsi, le plan euclidien, dans lequel nous avons la sensation de nous déplacer, est celui dans lequel la somme des angles de tout triangle est égale à 180°.

Annexe de la chronique 7

L'agora de la cité grecque

Jean-Pierre Vernant parle du lien entre la conception géométrique et l'organisation de la cité grecque.

« Ce qui caractérise l'espace de la cité, c'est qu'il apparaît organisé autour d'un centre. Par les significations politiques qui lui sont attribuées, ce centre revêt une importance exceptionnelle. D'une part, il s'oppose, en tant que centre, à tout le reste de l'espace, chaque position particulière se définissant à partir de lui et par rapport à lui. Comme le dit une inscription particulière de Ténos : au centre, c'est la collectivité ; en dehors, c'est le particulier ; le *meson*, le milieu, définit donc, par opposition à ce qui est privé, particulier, le domaine du commun, du public. »

Et plus loin : « En dépit de leurs diversités, voire de leurs oppositions, [les citoyens] se trouvent définis par rapport à ce centre comme des égaux, des semblables. Symétriquement organisé autour d'un centre, l'espace politique, au lieu de former, comme dans les monarchies orientales, une pyramide dominée par le roi avec, du haut en bas, une hiérarchie de pouvoirs, de prérogatives et de fonctions, se dessine suivant un schéma géométrisé de relations réversibles, dont l'ordre se fonde sur l'équilibre et la réciprocité entre égaux. Déposer le pouvoir au centre, c'est arracher le privilège de la suprématie à tout individu particulier, pour que nul ne domine plus personne. Fixé au centre, le *cratos* échappe à l'appropriation pour devenir commun à tous les membres de la collectivité. Chacun commande et obéit, à soi et aux autres, tout à la fois. Pour les citoyens d'une cité, c'est une seule et même chose de déposer le *cratos* au centre et de s'affirmer libre de toute domination. »

Dans ses *Éléments*, Euclide donne du cercle cette définition : figure plane contenue par une ligne unique, la circonférence, par rapport à laquelle toutes les droites menées à sa rencontre à partir d'un unique point parmi ceux qui sont placés à l'intérieur de la figure, sont jusqu'à la circonférence égales entre elles.

Cercles et polygones

Un cercle est *circonscrit* à un polygone s'il passe par tous les sommets du polygone. Un polygone est donc intérieur à son cercle circonscrit. Si le polygone est un triangle, un tel cercle existe toujours. Son centre se trouve au point de concours des médiatrices du triangle. Dans le cas général, un polygone n'admet pas de cercle circonscrit. Tout polygone peut-il être inscrit dans un cercle ? Non. Mais les polygones réguliers sont inscriptibles.

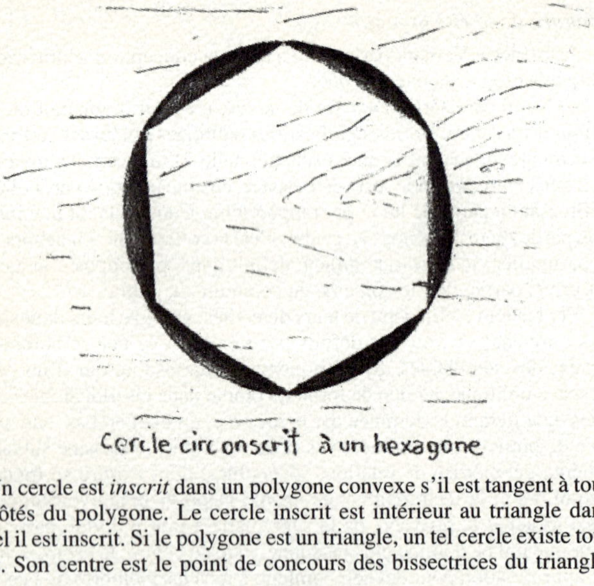

Cercle circonscrit à un hexagone

Un cercle est *inscrit* dans un polygone convexe s'il est tangent à tous les côtés du polygone. Le cercle inscrit est intérieur au triangle dans lequel il est inscrit. Si le polygone est un triangle, un tel cercle existe toujours. Son centre est le point de concours des bissectrices du triangle.

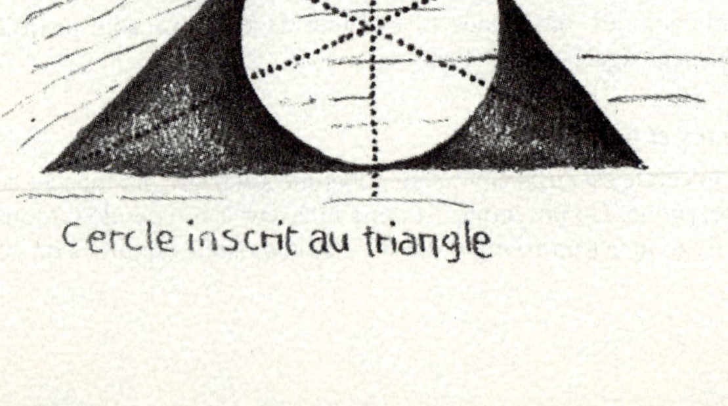

Cercle inscrit au triangle

Centripète, centrifuge

Une force est centripète quand elle tend à rapprocher du centre ; elle est centrifuge (fuir le centre) quand elle tend à s'en éloigner.

Géocentrique-héliocentrique

La théorie géocentrique, soutenue par la plupart des penseurs de l'Antiquité, est une vision du monde qui place la Terre au centre de l'Univers. « Avant tout, il faut admettre généralement que le ciel est de forme sphérique, et qu'il se meut à la manière d'une sphère ; que la terre, par sa figure, prise dans la totalité de ses parties, est sensiblement sphéroïde, qu'elle est au milieu de tout le ciel, comme dans un centre, et que par sa grandeur et sa distance relativement à la sphère des étoiles fixes, elle n'est qu'un point sans mouvement et sans déplacement » (Ptolémée, *Composition mathématique*, A. Blanchard, 1988, vol. 1, p. 5).

Dans l'Antiquité, déjà quelques penseurs, tel Aristarque de Samos (IIIe siècle avant J.-C.), affirment que c'est la Terre qui tourne autour du Soleil, celui-ci devenant le centre de tous les mouvements. Cette théorie, dite héliocentrique, qui place le Soleil au centre de l'Univers, a été développée par Nicolas Copernic (1473-1543).

ON PEUT LIRE :

Jean-Pierre Vernant, *Mythe et pensée chez les Grecs*, Maspero, 1965.

Annexe de la chronique 8

Éléments fixes

La notion d'élément fixe, ou invariant, est présente dans de nombreux domaines mathématiques. Par exemple, s'agissant d'une application f d'un ensemble dans lui-même : x est un point fixe de f si $f(x) = x$.

On trouve cette notion également en topologie générale, et en théorie des « nœuds » mathématiques (qui est une branche de la topologie), où l'on parle d'invariant d'un nœud ; en théorie des groupes, « sous-groupe invariant » est synonyme de « sous-groupe *distingué* ».

Et en géométrie, bien sûr, avec la théorie des transformations. Qui ne se souvient des symétries, translations, rotations ? et de l'inversion aussi ?

Les transformations qui conservent les « mesures », distances et angles, sont des *isométries*. Plus généralement, celles qui conservent les angles sont appelées « conformes ».

Une figure, considérée comme ensemble de points, peut être globalement invariante, ou invariante point par point. Dans le plan, pour une rotation de 360° de centre O, tout cercle de centre O est invariant point à point : à chaque point, elle fait accomplir un tour entier qui le fait revenir à la même place. Ça bouge et au bout du compte cela revient au même.

Unification de la géométrie

En 1872, un jeune mathématicien, Felix Klein, présentait ce que plus tard on appela le *Programme d'Erlangen*. Dans cette seconde moitié du XIXe siècle, les géométries pullulaient dans l'univers mathématique : euclidiennes, non euclidiennes, projectives, descriptives, etc. Le projet de Klein était d'établir une unification de LA géométrie. Une géométrie particulière étant considérée comme « l'ensemble des invariants d'un groupe donné de transformations (*groupe*, ici, n'étant pas pris dans son sens commun mais dans son sens mathématique) ». On se donne un groupe de transformations et l'on établit l'ensemble des figures qui, soumises à ces transformations, restent invariantes. Ce sera là une géométrie.

Jusqu'à cette époque, l'espace était considéré comme une donnée, un contenant neutre d'objets. Le travail mathématique concernant les figures abritées par l'espace. La révolution accomplie par Felix Klein revient à renverser les primautés. L'espace lui-même devient l'objet premier du questionnement mathématique. Il est à présent passible d'une définition. Il faudrait plutôt dire les différents types d'espaces.

On peut lire :

Felix Klein, *Le Programme d'Erlangen*, Gauthier-Villars, Paris, 1974.

Annexe de la chronique 9

Classes d'équivalence

La notion de relation d'équivalence en mathématiques formalise l'idée d'« être le même » quant à une situation donnée ou à un problème posé.

Sur un ensemble E, une relation R entre couples d'éléments est une relation d'équivalence si

1º « je suis le même que moi » : tout élément est équivalent à lui-même ; on la dit *réflexive*, aRa ;

2º « si je suis le même que toi, tu es le même que moi » ; on la dit *symétrique*, $aRb \Rightarrow bRa$;

3º « si je suis le même que toi et que tu es le même que lui, je suis le même que lui » ; on la dit *transitive*, aRb et $bRc \Rightarrow aRc$.

On appelle classe d'équivalence de a l'ensemble des éléments de E équivalents à a :

$$\mathrm{cl}\,a = \{x, x \in \mathrm{E} \text{ et } aRx\}.$$

Lesdites classes forment une *partition* de E : deux classes quelconques sont disjointes (un élément de E ne peut appartenir à deux classes différentes), la réunion de toutes les classes est l'ensemble E (tout élément de E appartient à une classe). En conclusion, tout élément de E appartient à une classe et à une seule.

À partir de E et de R, on construit l'*ensemble quotient* de E par R, E/R, dont les éléments sont les classes d'équivalence des éléments de E pour la relation R.

L'égalité est une équivalence

La relation d'égalité répond aux trois conditions de la définition de l'équivalence. Tout élément étant le seul à être égal à lui-même, les classes de l'égalité sont réduites à un seul élément : $\text{cl}\, a = \{a\}$ et l'ensemble quotient est E lui-même. L'égalité est l'équivalence « totale », l'équivalence pour toutes les situations et tous les problèmes envisageables.

Vocabulaire

Isogone : avoir les mêmes angles.

Polygone : figure du plan constituée par une ligne brisée fermée. Un polygone a autant d'angles que de côtés.

Annexe de la chronique 10

> « *Que le langage soit un instrument de la raison humaine et non pas seulement un moyen pour l'expression de la pensée, est une vérité généralement acquise* » (George Boole).

À propos du complémentaire

Si E est un ensemble et P une propriété, on peut toujours construire l'ensemble A des éléments de A qui possède la propriété P :

$$A = \{x \in E, P(x)\}.$$

• Le complémentaire d'un ensemble A par rapport à un ensemble E est un ensemble noté $\complement_E A$.

$$\complement_E A = \{x \in E, x \notin A\}.$$

Par contre, le complémentaire d'un ensemble par rapport à « l'univers » n'est pas un ensemble. Quand il n'y a pas d'ambiguïté possible, on ne mentionne pas l'ensemble E : $\complement A$. Dans ce cas, on utilise aussi la notation $\bar{A}$.

On peut formellement définir le Tiers État comme suit :

$$\text{Tiers État} = \complement(\text{Noblesse} \cup \text{Clergé}).$$

Suivant ce qui a été dit plus haut, le Tiers État n'est pas un ensemble ; la Noblesse et le Clergé, oui.

• Le complémentaire du complémentaire de A est A lui-même : « ceux qui ne sont pas dans ce qui n'est pas le dedans » sont dedans !

$$\complement\complement A = A.$$

• Le complémentaire de l'union est l'intersection des complémentaires :

$$\complement(A \cup B) = \complement A \cap \complement B.$$

• Et, inversement, le complémentaire de l'intersection est l'union des complémentaires :

$$\complement(A \cap B) = \complement A \cup \complement B.$$

• Le complémentaire de E par rapport à lui-même est l'ensemble vide. Inversement, le complémentaire de la partie vide est l'ensemble tout entier.

$$\complement_E E = \varnothing \qquad \text{et} \qquad \complement_E \varnothing = E.$$

Algèbre de Boole

E est un ensemble et $\mathscr{P}$(E) l'ensemble de ses parties. La recherche du complémentaire peut être vue comme une fonction de $\mathscr{P}$(E) dans $\mathscr{P}$(E) qui, à une partie de E, fait correspondre son complémentaire (qui est une partie de E).

L'union (resp. l'intersection) peut être considérée comme une opération qui, à deux parties A et B, fait correspondre la partie $A \cup B$ (resp. $A \cap B$).

Le mathématicien anglais George Boole (1815-1864) est un autodidacte. Il est l'un de ceux qui ont le plus agi pour que la logique soit rattachée aux mathématiques et non à la philosophie. Avec son compatriote Augustus de Morgan (1806-1871), il a formalisé les notions précédentes qui furent conjointement utilisées en logique et dans la théorie des ensembles.

À propos de dehors/dedans

Dans l'immédiat après-68, au cours d'une sorte de meeting de Jacques Lacan à l'université de Vincennes, un étudiant « engagé » interrompit le psychanalyste en criant : « Il faut sortir. C'est dehors que ça se passe ! » Dans le brouhaha, Lacan répondit : « Ce n'est pas la peine. Toi, quand tu es dehors, tu es dedans. »

Le complémentaire et l'Histoire

L'Histoire nous a donné à voir deux types de luttes. Les luttes entre ensembles, c'est-à-dire entre groupes semblablement définis par une appartenance positive, guerres entre pays ou guerres de religions. Et les luttes entre un ensemble et son complémentaire, entre ceux qui, à ce moment de l'Histoire, sont définis et ceux qui ne le sont pas. Ce sont ces dernières qui firent les révolutions. Ce fut le cas en 1789 en France, ce fut le cas en 1917 en Russie. Les « damnés de la terre » se sont battus pour avoir une définition positive, qui leur permettrait, enfin, d'être dans un ensemble, et non plus dans « le reste ».

ON PEUT LIRE :

« Le reste », *Traverses*, 1978, nº 11 et 12.
George Boole, *Les Lois de la pensée*, Vrin, 1992.

Annexe de la chronique 11

Les nombres négatifs

Les mathématiciens grecs ne disposaient pas de nombres négatifs. Cela s'explique par le rapport qu'ils avaient établi entre nombres et grandeurs géométriques. Un nombre représentant nécessairement une grandeur, qu'aurait pu signifier un nombre négatif ?

« Ni les calculateurs babyloniens et égyptiens, ni les penseurs grecs, ét à leur suite les mathématiciens arabes, n'ont disposé de la notion générale de nombres négatifs. Les premiers à utiliser des quantités négatives furent les mathématiciens indiens, en particulier Bramagupta, qui, dès le VIIe siècle de notre ère, les employèrent pour les besoins comptables. À l'opposé des *biens*, représentés par des nombres positifs, les dettes s'inscrivirent comme des quantités négatives.

« Il ne peut y avoir de nombres négatifs sans la présence du zéro.

« Il faut attendre la fin du XVe pour voir apparaître en Occident des êtres numériques non positifs. Êtres dont on établit les règles d'utilisation, la règle des signes, mais auxquels on dénie l'existence en tant que quantités réelles, c'est-à-dire en tant que nombres. Désignés comme *numeri absurdi*, on leur refusera longtemps la consécration : être considérés comme une solution possible d'une équation. Deux siècles plus tard, pour Descartes lui-même, la racine d'une équation qui n'était pas positive était considérée comme une *racine fausse* » (extrait de *L'Empire des nombres*).

Les signes « + » et « – » apparurent en 1489 dans l'*Arithmétique commerciale* de Widmann.

Lazare Carnot (1753-1823) a été le grand organisateur des armées et responsable de la stratégie militaire durant la Révolution française, député à la Législative, à la Convention, membre du Comité de salut public et du Directoire. Son exceptionnel succès dans ces domaines à ce poste lui vaut le titre d'« Organisateur de la victoire ». Ancien élève de l'école du génie de Mézières, où il fut condisciple de Gaspard Monge, il écrivit plusieurs ouvrages de mécanique et de mathématiques, dont *Réflexions sur la métaphysique du calcul infinitésimal*. C'est dans ce dernier ouvrage qu'il écrit : « Pour obtenir réellement une quantité négative isolée, il faudrait retrancher une quantité effective de zéro, ôter quelque chose de rien : opération impossible. Comment donc concevoir une quantité négative isolée ? »

La valeur absolue

L'utilisation des valeurs absolues pose traditionnellement quelques problèmes aux élèves. La valeur absolue d'un nombre x se note $|x|$.

• La valeur absolue d'un nombre est positive ou nulle.
0 est le seul nombre dont la valeur absolue est 0.
$|x| = 0$ et si et seulement si $x = 0$.

• Un nombre et son opposé ont même valeur absolue :

$$|+a| = |-a|.$$

• La valeur absolue d'un produit est égale au produit des valeurs absolues :

$$|a \times b| = |a| \times |b|.$$

• La valeur absolue d'une somme est au plus égale à la somme des valeurs absolues :

$$|a + b| \leq |a| + |b|.$$

Les rachats de créances

Dans *L'Argent*, Zola décrit le financier Busch dont une partie de l'activité financière consiste à racheter des créances « billets impayés, traités inexécutés, reconnaissances restées vaines, engagements non tenus. Toute créance, explique Busch, même la plus compromise, peut redevenir bonne. Tirant cent francs de ce qu'il avait payé dix sous. Parmi les insolvables, il suivait naturellement de plus près ceux qu'il sentait avoir des chances de fortune prochaine. Pendant des années il laissait ainsi mûrir un homme pour l'étrangler au premier succès ».

Annexe de la chronique 12

Espaces métriques

Un ensemble E sur lequel on définit une distance est un *espace métrique*. Une distance est une fonction qui, à tout couple d'éléments de E, fait correspondre un nombre positif ou nul.

À cette fonction on impose :

1º $d(x, x) = 0$;

2º $d(x, y) = d(y, x)$;

3º $d(x, y) \leq d(x, z) + d(z, x)$. Cette dernière contrainte est appelée l'inégalité triangulaire ; elle généralise ce qui, en géométrie, se passe entre les côtés des triangles, à savoir que l'un quelconque des côtés est inférieur à la somme des deux autres. L'égalité n'étant réalisée que lorsque trois points x, y et z sont alignés.

Différentes distances

Soient deux points définis par leurs coordonnées M_1 (a_1, b_1) et $M_2 (a_2, b_2)$.

La distance usuelle (les mathématiciens disent *euclidienne*) est définie par :

$$d(M_1, M_2) = \sqrt{(a_1 - a_2)^2 + (b_1 - b_2)^2}.$$

Mais on peut en définir d'autres, par exemple :

$$e(M_1, M_2) = |a_1 - a_2| + |b_1 - b_2|$$

Cette diversité a quelquefois des conséquences inattendues et peu intuitives. Par exemple, un disque de rayon r est l'ensemble des points dont la distance à un point est inférieure ou égale à r. Suivant la distance choisie, sa forme varie et peut ne plus du tout ressembler à un (vrai) disque.

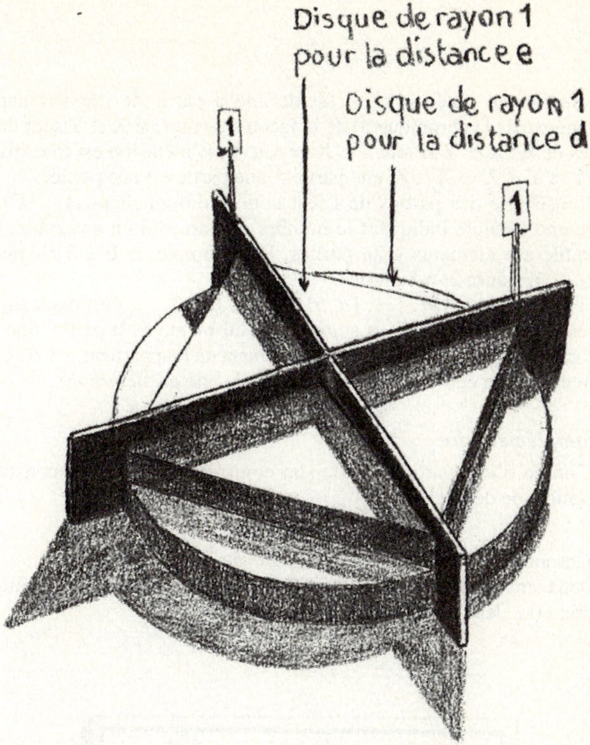

Autre exemple. Sur un arbre généalogique, on peut définir une distance entre deux parents : c'est le nombre d'arêtes qu'il faut parcourir pour aller de l'un à l'autre. Le lecteur pourra chercher sur son arbre personnel à quoi ressemblent les disques de rayon 1, 2, etc.

Annexe de la chronique 13

L'inclusion, notée « $\subset$ », est définie à partir de l'appartenance (cf. Annexe de la chronique 3) de la façon suivante : si X et Y sont deux parties de E : $X \subset Y$ si tout $x \in X \Rightarrow x \in Y$. L'inclusion est transitive : $X \subset Y$ et $Y \subset Z \Rightarrow X \subset Z$, une partie d'une partie est une partie.

L'ensemble des parties de E est noté traditionnellement $\mathscr{P}(E)$. Il existe une formule indiquant le nombre de parties d'un ensemble. Un ensemble à n éléments a $2n$ parties. Par exemple, si E a 3 éléments $\{a, b, c\}$, il y aura $2^3 = 8$ parties.

Les voici : $\{a\}$, $\{b\}$, $\{c\}$, $\{a, b\}$, $\{a, c\}$, $\{b, c\}$, ..., plus deux autres parties, que l'on oublie bien souvent : E lui-même et la partie vide $\varnothing$.

E est une partie de E, puisque tout élément de E appartient… à E ! Une partie différente de l'ensemble lui-même est une *partie propre*.

Le complémentaire

L'union d'une partie A et de son complémentaire $\complement_E A$ reconstitue l'ensemble de départ :

$$A \cup \complement_E A = E$$

(cf. Chronique 10 : « Exclusion, l'ailleurs du dedans »).

Deux ensembles F et G sont disjoints s'ils n'ont aucun élément commun (*i.e.* leur intersection est vide : $F \cap G = \varnothing$).

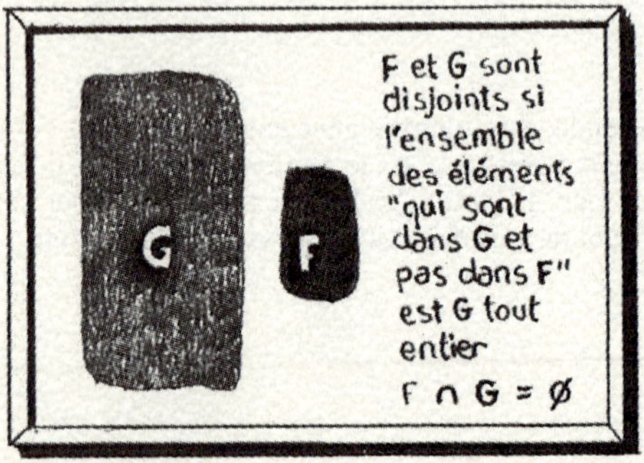

Annexe de la chronique 14

Les nombres premiers

La notion de nombres premiers s'applique aux nombres entiers naturels : 0, 1, 2, … Un nombre est premier s'il n'est divisible par aucun nombre que lui-même et 1.

2 est premier (il n'est divisible que par lui-même et par 1). C'est le seul nombre premier pair. Tous les autres ne sont pas premiers, puisque, par définition, ils sont divisibles par 2.

On trouve cette notion dans d'autres parties des mathématiques, principalement en algèbre : corps premier, idéal premier…

Il n'y a pas de plus grand nombre premier

Supposons qu'il existe un plus grand nombre premier : A. Et construisons le nombre B égal au produit de tous les nombres premiers inférieurs ou égaux à A, auquel on ajoute 1.

$$B = (p_1 p_2 \dots p_n) + 1.$$

B a été construit : 1º de façon à être plus grand que A ; 2º de façon à n'être divisible par aucun des p_i. En effet, le reste de la division de B par un quelconque des p_i est toujours 1.

Deux possibilités pour B. Ou bien il est premier ; auquel cas on a construit un nombre premier plus grand que A. Ou bien il n'est pas premier, auquel cas il est divisible par un nombre premier Q. Q qui, ne pouvant être aucun des nombres premiers inférieurs ou égaux à A, devra être plus grand que lui. Voilà à nouveau un nombre premier plus grand que A. L'existence d'un plus grand nombre premier induit une absurdité.

ON PEUT LIRE :

Émile Borel, *Les Nombres premiers*, PUF, coll. « Que sais-je ? », 1976.

Jean Itard, *Arithmétique et théorie des nombres*, PUF, coll. « Que sais-je ? », 1963.

Denis Guedj, *L'Empire des nombres*, « Découvertes Gallimard », 1996.

Annexe de la chronique 15

Les quantificateurs logiques

On peut considérer le mathématicien Gottlob Frege (1848-1925) comme le fondateur de la logique mathématique. Il a créé le calcul axiomatique des propositions et la théorie de la quantification. Une proposition logique est *quantifiée* lorsqu'elle met en jeu des expressions comme « il existe un objet X tel que », quantification *existentielle*, ou « tous les objets X tels que », quantification *universelle*.

Pour symboliser le quantificateur existentiel, Giuseppe Peano (cf. Annexe de la chronique 3) proposa un E inversé, « $\exists$ » ; l'assemblage « $\exists x$ » se lisant « il existe x tel que… ». Un peu plus tard, pour symboliser la quantification *universelle*, on adopta un A renversé, « $\forall$ », l'assemblage « $\forall x$ » se lisant : « quel que soit x ».

Les constructivistes

Dans les mathématiques, aujourd'hui, une des façons de prouver qu'un certain objet existe, consiste à démontrer que, s'il n'existait pas, il y aurait une contradiction dans la théorie développée. Un tel type de raisonnement appliqué aux ensembles infinis ne fournissant pas de construction explicite de l'objet en question, des mathématiciens, regroupés sous le nom d'*intuitionnistes*, l'ont récusé. Posant comme exigence qu'un être mathématique doit être défini de façon qu'on puisse disposer, au moins en théorie, d'un procédé de construction d'un spécimen, ils établissent une distinction radicale entre existence réelle, par un procédé de construction, et existence pure.

Plus profondément, ce que les intuitionnistes récusent, c'est l'utilisation du principe du tiers exclu dans les ensembles infinis. (Des deux propositions : A, (non-A), l'une est forcément vraie. Dit autrement : la proposition [A ou (non-A)] est vraie pour tout A.)

Pour eux, la proposition « il est faux que tous les x ne possèdent pas la propriété P » n'est pas équivalente à « il existe un x possédant la propriété P ».

Le mathématicien hollandais Luitzen J. Brouwer (1881-1966), l'un des fondateurs de la topologie algébrique, peut être considéré comme le chef de file de cette école de pensée. À ne pas confondre avec la doctrine intuitionniste, doctrine philosophique qui place l'intuition à la base de la connaissance.

Unicité

Une des façons de démontrer l'unicité est la suivante : quels que soient deux éléments possédant la propriété P, ils sont le même élément :

$$\forall x, \forall x', [\mathrm{P}(x) \text{ et } \mathrm{P}(x')] \Rightarrow x = x'.$$

Il existe un et un seul ensemble vide

Définir un ensemble, c'est être capable, quel que soit un objet de l'univers, de répondre s'il lui appartient ou non (cf. Annexe de la chronique 3). Il existe donc un ensemble défini par la propriété « quel que soit un élément de l'univers, il n'appartient pas à cet ensemble ». Cet ensemble est unique, c'est *l'ensemble vide*. On le note $\varnothing$. Il n'y a qu'une seule façon que rien ne vous appartienne.

Le singleton

Un ensemble possédant un seul élément est appelé un singleton $\{a\}$. En Angleterre, pour les joueurs de cartes, un singleton est l'unique carte d'une certaine couleur qu'on a en main, au bridge ou au whist.

ON PEUT LIRE :

Daniel Parrochia, *Mathématiques et existence*, Champ Vallon, Paris, 1991.
Gottlob Frege, *Les Fondements de l'arithmétique*, Éd. du Seuil, 1969.

Annexe de la chronique 16

Médiatrice

La médiatrice d'un segment est l'ensemble des points équidistants des extrémités du segment. C'est la droite perpendiculaire à ce segment, passant par son milieu. La médiatrice est l'axe de symétrie du segment dont elle est la médiatrice.

Les trois médiatrices des côtés d'un triangle sont concourantes. Leur point de rencontre est le centre de l'unique cercle qui passe par les sommets du triangle, le cercle *circonscrit* au triangle (cf. chronique 7). Le poète Callimaque (grammairien et poète alexandrin du IIIe siècle avant J.-C.) assure que Thalès (VIIe siècle avant J.-C.) fut le « premier homme à même de tracer les cercles circonscrits aux triangles quelconques ».

Comment trouver le centre d'un cercle ?

Trois points A, B, C sont choisis sur le cercle. Puis on trace les cordes AB, BC. On construit leurs médiatrices. Le point de rencontre des deux médiatrices est le centre du cercle. Trois points pris sur un cercle ne pouvant être… alignés, les deux cordes ne sont donc pas parallèles ; leurs

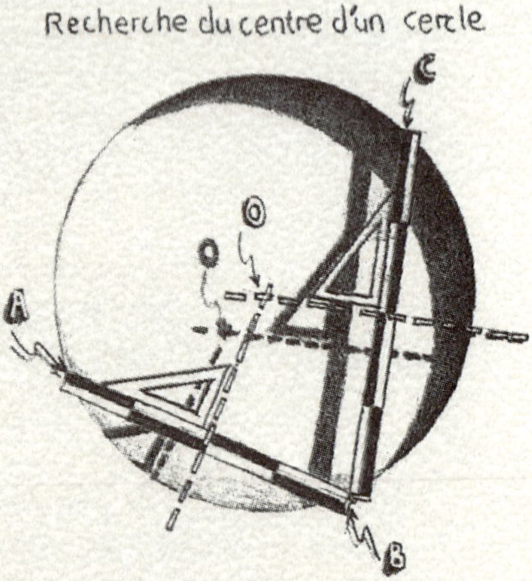

médiatrices, qui leur sont perpendiculaires, sont donc contraintes de se couper. La recherche du centre par ce moyen est donc assurée de succès.

Diamètre

Un diamètre d'un cercle — et non pas « le » diamètre — est un segment de droite passant par le centre et dont les extrémités sont sur le cercle. Tous les diamètres d'un même cercle ont même longueur. (Mais la réciproque est fausse : il existe des figures à diamètre constant qui ne sont pas des cercles. L'une d'elles, le triangle de Rouleaux, a été utilisé dans les moteurs à pistons rotatifs.) Un demi-diamètre est un *rayon*. Un rayon est une ligne qui joint le centre à la périphérie. C'est le même Thalès qui, dit-on, fut le premier à affirmer, vraisemblablement sans le démontrer, qu'un diamètre partage son cercle en deux parties égales.

Un diamètre « mesure » le cercle, au sens où il est le plus grand segment que l'on peut faire entrer dans le cercle. On peut généraliser la notion de diamètre à toute figure : plus grande des distances entre deux quelconques de ses points.

Annexe de la chronique 17

> « *Nul n'ignore que l'accouplement ne se déroulera jamais sans prurit de la chair, fermentation du désir et puanteur de la luxure* » (Innocent III, pape).

Deux couples pour une seule paire

Construire une bijection c'est faire des couples. En mathématiques, on tient à distinguer la *paire* $\{a, b\}$, avec des accolades, du *couple* (a, b), avec des parenthèses. Une paire est la donnée de deux objets. Pour obtenir un couple, il faut ajouter un « ordre » : un couple est une paire ordonnée. On définit mathématiquement un couple de la façon suivante :

$$(a, b) = \{\{a\}, \{a, b\}\}.$$

Avec deux objets a et b on fait une paire : $\{a, b\}$, mais deux couples : (a, b) et (b, a), qui sont différents si a et b sont différents. Tout le monde sait bien que chez les Dupont c'est (Monsieur, Madame) alors que chez les Durand, c'est (Madame, Monsieur) !

La puissance d'un ensemble

Entre deux ensembles quelconques, il n'est pas forcément possible de construire une bijection. Entre l'ensemble $\{u, v\}$ et l'ensemble $\{x, y, z\}$, il n'existe aucune bijection possible. Entre $\{u, v\}$ et {*carré*, *rond*}, on peut construire au moins une bijection, celle qui à u fait correspondre *carré* et à v fait correspondre *rond*.

Lorsque l'on peut construire une bijection entre deux ensembles, ils sont dits avoir même *puissance*.

« Si deux multiplicités bien définies [lire : deux ensembles] peuvent être mises en correspondance univoque et complète, élément par élément, l'une avec l'autre, je me sers alors du mode d'expression qu'elles ont *même puissance* ou encore qu'elles sont *équivalentes* », écrit G. Cantor en octobre 1877. En juin, Cantor avait écrit à son ami Dedekind : « On voit ici quelle force prodigieuse il y a dans les nombres réels habituels. » Voici comment Nathalie Charraud décrit ce passage : « De la “force” des nombres réels à la “puissance” d'un ensemble, il n'aura fallu que quelques mois pour passer à une formalisation, faire un concept de ce qui apparaissait d'abord comme une expression purement affective. Il s'agira bien en effet du pouvoir d'un ensemble, pouvoir qui grandit lorsque l'ensemble grandit en nombre d'éléments, passe par exemple du dénombrable au continu. »

Un ensemble peut avoir même puissance qu'une de ses parties propres (cf. Annexe de la chronique 13)

En voici une preuve. Soient N l'ensemble des entiers *n*, et P l'ensemble des entiers pairs (les entiers de la forme 2*n*). Soit *f* la fonction de N dans P qui, à tout entier *n*, fait correspondre son double 2*n*. C'est une bijection. En effet, deux entiers différents ont leurs doubles différents. Inversement, deux entiers pairs différents sont le double de deux entiers différents.

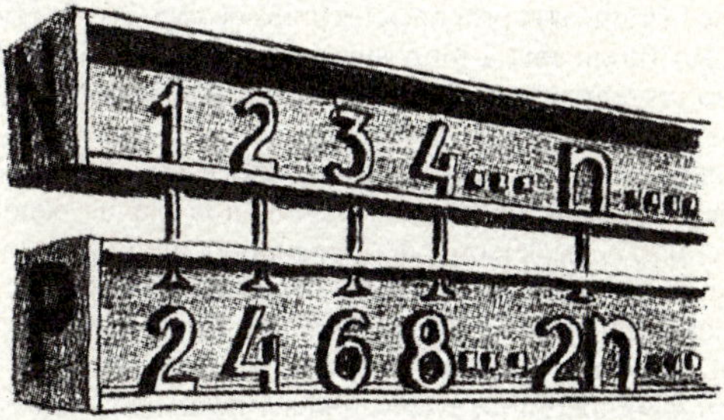

Si un ensemble a même puissance qu'une de ses parties propres, il est infini. C'est la définition d'un ensemble « infini » : pouvoir être mis en bijection avec une de ses parties propres.

Analogos

Parfois, dans leurs ordonnances, les médecins inscrivent « ana » pour indiquer que les substances énumérées doivent être utilisées à doses égales, c'est-à-dire qu'on doit en administrer autant de chaque. Autant, certes, mais combien ?

On peut lire :

Nathalie Charraud, *Infini et inconscient. Essai sur Georg Cantor*, Anthropos, 1994.

Annexe de la chronique 18

Zénon était beau, de physionomie gracieuse et de haute taille. En plus, il inventa la dialectique dans sa bonne ville d'Élée, sur la côte Sud de l'Italie, tandis que non loin de là, à Agrigente en Sicile, Empédocle inventait la rhétorique. Cela se passait au ve siècle avant J.-C. Zénon était philosophe et s'intéressait fort aux affaires de la cité ; il s'y intéressait d'autant plus qu'Élée souffrait sous la sandale tyrannique de Néarque. Pour en finir avec celle-ci, le philosophe organisa un complot. Le complot échoua. Zénon fut atrocement torturé. Lorsque la douleur devint insupportable, il feignit de rendre l'âme et hurla : « Arrête, je vais te dire toute la vérité » et prononça les noms de tous les plus fidèles amis du tyran, qui furent mis à mort sur-le-champ. Comme on le pressait de dire d'autres noms, ceux de ses complices, il se trancha la langue et la cracha au visage du tyran.

Cette langue était si réputée que, dans toute la Grèce, Zénon était désigné comme l'*amphoteroglosse*, « l'homme à la langue pendue pour le pour et le contre ». La célébrité de Zénon lui vient des paradoxes qu'il a bâtis. Aristote en convient : « Les arguments de Zénon contre le mouvement [...] causent beaucoup de soucis à ceux qui veulent les résoudre. »

En fait, Zénon n'a nullement nié le mouvement ; il a seulement affirmé son incompatibilité avec certains aspects de la pensée pythagoricienne sur la nature des grandeurs continues. Zénon démontre que le continu — le divisible à l'infini — ne peut être conçu comme une somme d'éléments indivisibles. Si une ligne est faite d'une suite de points, alors le mouvement n'est pas possible.

Et la flèche n'atteindra jamais son but, et Achille ne rattrapera jamais la tortue !

Pour atteindre sa cible, où que celle-ci soit placée, toute flèche doit d'abord parvenir à la moitié avant d'arriver au but. Il lui restera donc toujours une moitié de quelque chose à parcourir. Quant à la tortue, qui est partie en premier, aussi lente soit-elle, elle ne sera jamais rattrapée. Achille, aussi rapide soit-il, doit d'abord arriver au point d'où est partie la tortue avant de poursuivre sa route. Mais lorsque Achille atteint ce point, la tortue, elle, l'a déjà quitté ; en sorte qu'elle aura toujours quelque avance sur lui.

La dichotomie

La dichotomie : division de l'un en deux, division par moitié. L'argument de la flèche est basé sur la possibilité de la division à l'infini par dichotomie. Si toute grandeur continue est divisible à l'infini, la division n'épuise jamais la grandeur, et il demeure toujours un reste, indéfiniment divisible.

Après Zénon, il a fallu attendre un peu plus de deux millénaires pour oser écrire une addition d'une infinité de termes et déclarer qu'elle était « égale » à quelque chose de défini :

$$1 + 1/2 + 1/4 + 1/8 + 1/16 + \ldots = 2.$$

Une grande partie de l'histoire de l'infini et des « indivisibles » tient dans cet « égale ».

La dialectique

La dialectique est l'art du dialogue et de la discussion, l'art aussi de l'interrogation. Pour Platon, c'est l'art de remonter de concepts en concepts, jusqu'aux plus généraux, et aux principes premiers. Aristote distingue l'*analytique* de la *dialectique* ; la première ayant pour objet la démonstration, c'est-à-dire la déduction qui part de prémisses vraies ; tandis que la seconde étudie les raisonnements qui portent sur des opinions. Plus tard, pour Hegel, le père de la dialectique moderne, ce sera « l'application scientifique de la conformité à des lois, inhérente à la nature de la pensée ».

Le 1 fait 2. Le 2 fait 1

« Dans la reproduction asexuée, l'être simple qu'est la cellule se divise en un point de sa croissance. Il se forme deux noyaux, et d'un seul être il en résulte deux.

« Dans la reproduction sexuée […], le spermatozoïde et l'ovule sont à l'état élémentaire des êtres discontinus, mais ils *s'unissent*, en conséquence une continuité s'établit entre eux pour former un nouvel être à partir de la mort, de la disparition des êtres séparés » (Georges Bataille, *L'Érotisme*).

ON PEUT LIRE :

Les Présocratiques (sous la direction de Jean-Paul Dumont), Bibliothèque de la Pléiade, 1988.

Aristote, *Les Topiques*, Vrin, 1950.

Maurice Caveing, *Zénon d'Élée. Prolégomènes aux doctrines du continu*, Vrin, 1982.

Annexe de la chronique 20

Les axiomes de Peano

Concernant les entiers naturels, le projet de Giuseppe Peano, mathématicien et logicien italien (1858-1932), ne consiste pas à les définir « directement », mais à construire un système capable de les produire dans leur ensemble. C'est ainsi qu'il compte fonder l'arithmétique de façon axiomatique.

Peano s'appuie sur la relation première de succession (qu'il ne définit pas, c'est en ce sens qu'elle est première). Il s'agit d'affirmer que chaque entier a un successeur immédiat unique.

Peano a choisi 1 comme « premier » nombre. On peut aussi commencer par 0.

• 0 est un nombre (il y a un plus petit nombre).

• Le successeur d'un nombre est également un nombre.

• Deux nombres n'ont jamais le même successeur (la succession se fait linéairement, ni de façon circulaire, ni de façon arborescente).

• Ensuite vient le *principe d'induction*, qui permet d'effectuer des raisonnements par récurrence. Si une classe contient 0 et un nombre *n* quelconque, et si le successeur de *n* en fait également partie, alors cette classe contient tous les nombres. Dit autrement :

1º si S est une classe qui contient 0,

2º si [*n* appartient à S] ⇒ [le successeur de *n* appartient à S]

… alors tous les nombres sont contenus dans S.

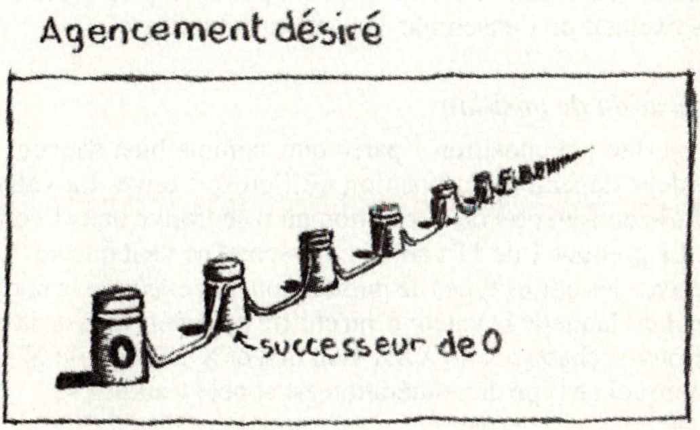

On peut remarquer que le système d'axiomes de Peano convient également à l'ensemble des entiers pairs, par exemple. C'est dire qu'il n'est pas exclusif de l'ensemble des entiers naturels.

La numération de position

Elle est dite « de position » parce que, comme bien souvent dans la vie, la valeur dépend de la position où l'on se trouve. La valeur d'un chiffre varie en fonction de la position où il se trouve dans l'écriture du nombre. Le premier 1 de 11 vaut dix, le second ne vaut que un. Que l'on compare avec les autres types de numération, par exemple la numération romaine, dans laquelle la valeur d'un chiffre ne dépend pas de la position où il se trouve : chaque X de XXX vaut dix, et XXX signifie X + X + X. Voilà pourquoi ce type de numération est appelé « additif ».

Annexe de la chronique 21

Être en priorité

Être en *priorité*, c'est être avant toute autre chose. Donc, dans l'ensemble des choix possibles, LA priorité est le plus grand élément (cf. chronique 5 : « Quelques vérités en milieu ordonné »).

De la négation

« C'est une question psychologique assez délicate et qui n'est pas encore entièrement élucidée de savoir ce qu'un sujet veut exactement dire en affirmant (non-P) », écrit Jean-Blaise Grise dans *Logique et connaissance scientifique*.

Logiques modales

Dans la logique classique, une proposition n'a le choix qu'entre deux possibilités : être vraie, être fausse. On peut vouloir traiter plus finement l'art de l'expression et agir de façon moins sommaire. Dans l'*Organon*, Aristote déjà s'y emploie. Lorsqu'on module une assertion par des locutions comme « probablement », « peut-être », « nécessairement », on en fait une *proposition modale*.

Choisissons, par exemple, les deux modalités suivantes : « nécessairement », représentée par le signe * ; « possible », représentée par le signe ◊. Chaque proposition *p* évoluera alors dans un champ élargi à quatre « valeurs » :

p ; (non-*p*) ; **p* : « nécessairement *p* » ; ◊*p* : « possible *p* ».

Ainsi, concernant la négation, en plus de la proposition (non-*p*), on pourra disposer de quatre assertions :

non-(**p*) : non-(nécessairement *p*),
non-(◊*p*) : non-(possible *p*) ou (impossible *p*),
* (non-*p*) : nécessairement (non-*p*),
◊ (non-*p*) : possible (non-*p*),
Et le champ de la négation de s'affiner.

ON PEUT LIRE :

Jean-Blaise Grise, in *Logique et connaissance scientifique*, Gallimard, « Bibliothèque de la Pléiade », 1967.

Annexe de la chronique 22

> *« Avant de finir, j'avertis de ceci : que quelqu'un ne néglige pas témérairement* dx, *même dans les équations différentielles »* (Leibniz).

Le calcul différentiel et intégral est l'un des champs les plus riches des mathématiques. Avec le même type d'outil, on peut calculer la longueur de courbes, déterminer des aires et des volumes, positionner des centres de gravité, rechercher les maxima et les minima, exprimer des vitesses et des accélérations !

La nouveauté de ce calcul réside dans la nature des êtres sur lesquels il agit, alors que les autres types de calculs agissent sur des quantités finies, là il met en scène des quantités infinitésimales, des « évanouissantes », comme dit Leibniz. On imagine quelles difficultés a pu poser la question de l'existence et de la définition de tels êtres. Au regard de ce nouveau calcul, les figures pourront être décomposées en éléments infiniment petits que l'on « sommera ». Toute la question est de savoir ce que peut signifier la « somme » d'une infinité d'éléments infiniment petits.

Le couple différentiation-intégration

Avec l'irruption de ces nouveaux êtres dans le champ mathématique, s'ouvre un nouveau champ calculatoire. Aux opérations classiques de l'algèbre, addition, soustraction, multiplication, division, élévation à une puissance, extraction de racine, s'ajoutent deux nouvelles « opérations » : la différentiation et l'intégration. Opérations « inverses » l'une de l'autre, un peu comme le sont l'addition et la soustraction, la multiplication et la division, l'élévation à une puissance et l'extraction de racines.

Alors que la différentiation concerne la façon dont varie une fonction (elle permet d'apprécier ses taux de variation), l'intégration part des variations et, « remontant » aux fonctions, recherche celles qui varient suivant ces variations.

Les deux pères — ennemis — du calcul différentiel et intégral sont Isaac Newton (1642-1727), mathématicien physicien et astronome anglais, et Gottfried Wilhelm Leibniz (1646-1716), philosophe et mathématicien allemand.

« Le calcul algébrique ne me satisfaisait pas dans ce travail ; j'étais contraint jusqu'ici de soutenir par les détours des figures beaucoup de choses que j'aurais voulu de l'analyse, jusqu'à ce qu'en fin j'aie trouvé le vrai complément de l'algèbre pour les transcendantes, à savoir mon calcul des infiniment petits et que j'appelle différentiel ou des sommes ou de quadrature, et si je ne me trompe pas, assez convenablement *analyse des indivisibles et des infinis* ; et celui-ci une fois découvert, tout ce dont dans ce genre je m'étonnais moi-même avant, semble un jeu et un badinage » (Leibniz, *De la géométrie peu accessible*).

Leibniz et Newton furent précédés par Bonaventura Cavalieri (1598-1647), Blaise Pascal (1623-1662), Grégoire de Saint-Vincent (1584-1667) et John Wallis (1616-1703).

Mais, sans conteste, les deux précurseurs de ce formidable champ mathématique sont les mathématiciens grecs Eudoxe (–406 env., –355) et Archimède (–287, –212). Eudoxe de Cnide, mathématicien et astronome grec, est le créateur de la *méthode d'exhaustion* si merveilleusement utilisée par Archimède pour le calcul de π. Par ailleurs, Archimède met en pratique des méthodes mécaniques qui sont de véritables intégrations.

Méthode d'exhaustion

Le principe de la méthode d'exhaustion : approximer une égalité par des inégalités. À l'aide d'une suite d'inégalités décroissantes, on fournit de l'égalité une approximation aussi étroite que l'on voudra.

Annexe de la chronique 23

Voisinages

Une des façons de définir une structure topologique sur un ensemble E est de définir ce que sont les voisinages de chaque élément. Ainsi, chaque élément *a* sera doté d'une famille de voisinages V(*a*). Tout d'abord, les voisinages sont des parties de E. Pas n'importe lesquelles. Elles doivent être telles que :

• Tout voisinage contient le point dont il est un voisinage.

• Toute partie qui contient un voisinage de *a* est un voisinage de *a*.

• Toute intersection finie de voisinages de *a* est un voisinage de *a*.

• Pour tout voisinage A de *a*, il existe un voisinage B de *a* tel que A soit un voisinage de tous les points de B.

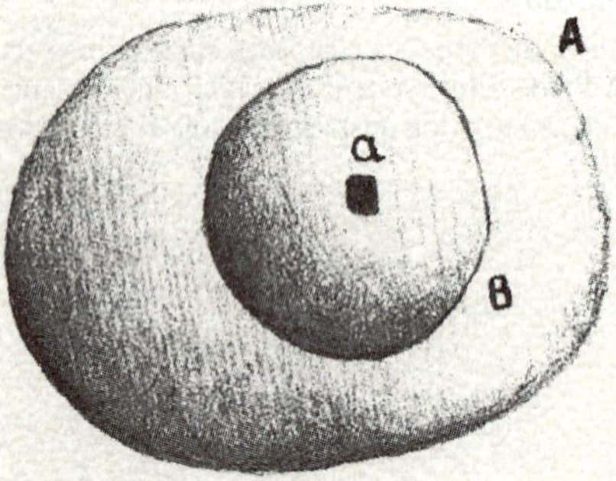

Point isolé d'une partie A d'un ensemble E

C'est un point *x* de A, pour lequel il existe un voisinage V de *x*, tel que

$$A \cap V = \{x\}$$

(*i.e.* on peut trouver un voisinage de *x* tel que celui-ci soit le seul élément de A qui en fasse partie ; ce qui marque l'isolement de *x* parmi les éléments de A).

Retournement de la sphère

L'intérieur et l'extérieur d'une sphère sont sans contact. Le retournement de la sphère consiste à interchanger intérieur et extérieur sans pratiquer de coupure ; par contre, la surface a le droit de s'autotraverser pendant les déformations. *A priori*, cela paraît impossible. Pourtant, en 1957, le mathématicien Stephen Smale a prouvé que ce retournement pouvait être effectué. Mieux, quelques années plus tard, un mathématicien français, Bernard Morin, est parvenu à réaliser concrètement l'opération. Onze types de modifications lui ont été nécessaires pour y parvenir.

On aura une idée de ce qu'est une transformation continue d'une surface si on l'imagine comme composée uniquement de flexions et de dilatations, à l'exclusion de déchirures et de réunions.

Annexe de la chronique 24

« *Desargues démontrait universellement* » (Abraham Bosse).

Dans l'espace euclidien à trois dimensions, un plan est « une surface contenant entièrement toute droite joignant deux de ses points ».

Girard Desargues (1593-1662), architecte et mathématicien. On le présente comme le créateur de la « géométrie pure ». Son projet consiste à appliquer les principes de la perspective, qu'il pratiquait en tant qu'architecte, à la géométrie, en particulier aux coniques (cf. chronique 4 : « Géométrie politique »).

Pour les Anciens, les coniques étaient vues comme les différentes sections d'un cône avec un plan. Pour Desargues, elles sont les différentes projections d'un cercle sur un plan. Un des grands apports des méthodes arguésiennes est de ramener dans le plan des questions relatives à l'espace.

Ordonnance

« Icy toute ligne droite est entendue alongée au besoin à l'infiny d'une part et d'autre. » On doit à Desargues d'avoir rompu la différence radicale entre droites concourantes et droites parallèles ; les premières ont leur point de concours situé « a vue », les secondes ont le leur situé à l'infini. « Pour donner à entendre de plusieurs droictes, qu'elles sont toutes entre elles, ou bien inclinées à mesme poinct, il est icy dit, que toutes ces droictes sont d'une mesme *ordonnance* entre elles, par où l'on concevra de ces plusieurs droictes, qu'en l'une aussi bien qu'en l'autre de ces deux especes de position, elles tendent comme toutes à un mesme endroict. »

Le vocabulaire végétal de Desargues

« *Tronc*. Quand à divers poincts d'une droicte passent indifferemment diverses autres droictes, cette droicte en laquelle sont les poincts est icy nommée *Tronc*.

« *Nœuds*. Les poincts de ce tronc auquel passent d'autres droictes y sont nommés nœuds.

« *Rameau*. La quelconque autre droicte qui passe à un de ces nœuds est à l'égard du tronc nommée *Rameau*. »

L'histoire du manuscrit du *Brouillon project d'une atteinte aux événements de rencontres d'un cône avec un plan*, publié en 1639, est, elle aussi, riche en événements. Le texte, incompris à sa parution, autant « à cause » de son écriture que de la profondeur et de la portée des idées qui y étaient développées, a été perdu durant deux siècles.

Ce n'est qu'en 1845 qu'on put disposer à nouveau d'une copie de l'ouvrage. Dans une librairie parisienne, le géomètre Michel Chasles venait de la découvrir par hasard. Ce n'était pas l'original, Chasles avait en main une copie manuscrite établie par La Hire en 1679. L'original fut retrouvé en 1951 dans les rayons de la Bibliothèque nationale à Paris.

Annexe de la chronique 25

> « *J'espère que mes neveux me sauront gré, non seulement des choses que j'ai ici expliquées, mais aussi de celles que j'ai omises volontairement afin de leur laisser le plaisir de les inventer* » (Descartes, *Géométrie*).

Géométrie analytique

Discipline mathématique fondée par Descartes qui permet de découvrir des propriétés géométriques des figures en étudiant les propriétés algébriques de leurs équations, sans avoir recours aux figures elles-mêmes.

La représentation graphique : l'espace, que ce soit le plan ou l'espace à trois dimensions, est « repéré » par un système d'axes concourants

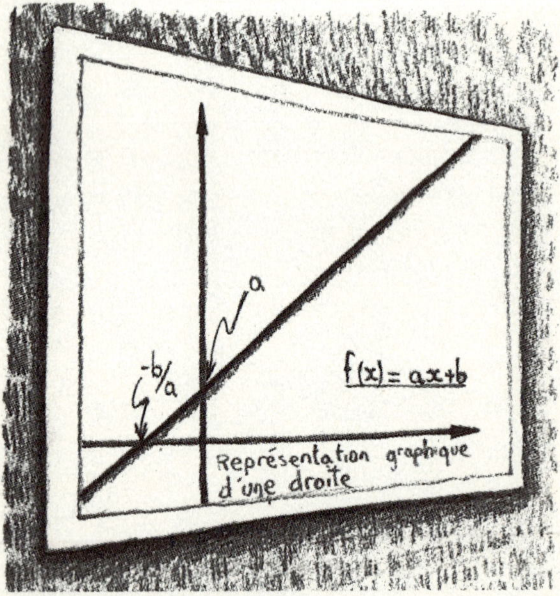

permettant d'identifier chaque point par un couple de nombres (x, y) pour le plan, ou un triplet (x, y, z) pour l'espace à trois dimensions.

Ainsi, une droite du plan sera représentée par une fonction du premier degré, dite fonction linéaire : $f(x) = ax + b$. Les deux paramètres a et b, qui sont des nombres, représentent des propriétés géométriques de la droite. b représente le point où la droite coupe l'axe vertical, et $(-b/a)$ le point où la droite coupe l'axe horizontal. De plus, a représente la *pente* de la droite, inclinaison de la droite par rapport à l'horizontale.

Desargues, Descartes

Pour Desargues, utiliser la géométrie pour résoudre des questions géométriques. Pour Descartes, utiliser l'algèbre pour résoudre des questions géométriques. Pour le premier, il s'agit d'étendre le champ de la géométrie ; pour le second, d'étendre celui de l'algèbre en multipliant ses applications.

Annexe de la chronique 26

Désigner l'inconnu est évidemment fondamental pour les mathématiciens, qui passent leur temps à rechercher des êtres à qui ils imposent telle ou telle contrainte, que ce soit en logique, en géométrie, en arithmétique, en algèbre ou en analyse.

Une des premières utilisations des lettres pour représenter des « variables » est celle d'Aristote dans l'expression du premier syllogisme : si A est affirmé de tout B et si B est affirmé de tout C, nécessairement A est affirmé de tout C.

Écriture littérale symbolique

Dans le domaine de l'algèbre, l'utilisation des lettres pour désigner des nombres est à mettre au compte des mathématiciens de la Renaissance. Lettres latines, majuscules ou minuscules, consonnes ou voyelles.

Problème : trouver un nombre dont le double ajouté à 3 est égal à 0. Si l'on désigne le nombre recherché par la lettre x, on peut écrire la contrainte imposée sous la forme concentrée suivante : $2x + 3 = 0$, x représentant l'inconnue recherchée.

Si l'on veut conserver la nature de la contrainte sans « s'attacher » aux valeurs particulières du problème précédent (double, 3), on pourra exprimer cette généralisation par la phrase : « La somme d'un certain nombre de fois l'inconnue et d'un certain nombre égale 0. » Phrase que l'on pourra écrire $ax + b = 0$, a et b étant les *paramètres* de l'équation ; c'est-à-dire des quantités connues mais provisoirement indéterminées, dont il ne nous intéresse pas en premier lieu de connaître la valeur particulière.

Cette écriture où l'on remplace aussi bien les quantités connues que les inconnues est due au mathématicien François Viète (1540-1603) qui dans *Isagoge : Introduction à l'art analytique*, en expose les principes. Les problèmes de même type, ceux mettant en jeu les mêmes contraintes, sont exprimés par une équation générale symbolisant la « forme » de ces contraintes. C'est là l'invention de « la véritable algèbre ».

On doit à Descartes, dans la *Géométrie* (1637), l'utilisation des dernières minuscules de l'alphabet pour représenter les inconnues, x, y, z, et les premières, a, b, c, pour désigner les quantités connues. C'est aujourd'hui encore l'usage courant.

Annexe de la chronique 27

> *« Il n'est aucun être qui soit si semblable, si égal que nous tous lorsque nous nous comparons entre nous. C'est pourquoi n'importe quelle définition de l'homme vaut uniment pour tous »* (Cicéron, *Les Lois*, I, x, 28 ; SVF, III, 343).

Voici, dans *Les Éléments*, les notions communes qu'Euclide prescrit à l'égalité.

1. Les choses égales à une même chose sont égales entre elles.
2. Et si, à des choses égales, des choses égales sont ajoutées, les tous sont égaux.
3. Et si, à des choses égales, des choses égales sont retranchées, les tous sont égaux.
4. Et si, à des choses inégales, des choses égales sont ajoutées, les tous sont inégaux.
5. Et les doubles du même sont égaux entre eux.
6. Et les moitiés du même sont égales entre elles.
7. Et les choses qui s'ajustent les unes aux autres sont égales entre elles.

On peut remarquer qu'il s'agit là d'une égalité qui vaut tant dans le champ des nombres (arithmétique) que dans celui des figures (géométrie). Par exemple, « ajouter », ce peut être additionner pour les nombres ou adjoindre pour des segments.

Le symbole =

Il a été inventé par le mathématicien anglais Robert Recorde (1510-1558), professeur à Oxford et à Londres.

Quelques citations

« Tels sont les avantages de la démocratie [...]. C'est un gouvernement agréable, anarchique et bigarré, qui dispense une sorte d'égalité, aussi bien à ce qui est inégal qu'à ce qui est égal » (Platon, *République*, VIII, 558 b). Pour Platon, la véritable égalité politique est d'ordre géométrique, elle accorde plus à celui qui est plus considérable, et moins à celui qui l'est à un degré moindre !

« La mésentente a cessé et la concorde s'est accrue le jour où l'on a inventé un mode de calcul. Grâce à lui, en effet, au lieu de l'esprit de surenchère, c'est l'égalité qui règne » (Stobée, au sujet d'Archytas, *Florilège*, IV, 1, 139).

« Un État veut être composé le plus possible d'individus égaux et semblables, ce qui se rencontre surtout dans la classe moyenne » (Aristote, *Politique*, IV, 11, 1295 b1).

On peut lire :

Platon, *La République*, GF Flammarion, 1966
Euclide, *Les Éléments*, PUF, vol. 1, 1990, notice sur l'égalité, p. 502-512.

Annexe de la chronique 28

Pour traiter l'équation du second degré qu'aujourd'hui nous écrivons sous la forme canonique :

$$ax^2 + bx + c = 0,$$

le mathématicien arabe Al-Khwarizmi distinguait six formes :

$$ax^2 = bx, \qquad ax^2 = c, \qquad bx = c$$
$$ax^2 + bx = c, \qquad ax^2 + c = bx, \qquad bx + c = ax^2.$$

Pourquoi une telle complication ? Les mathématiciens arabes ne possédant pas de nombres négatifs, les coefficients a, b, c ne pouvaient qu'être positifs. Pour eux, ainsi que pour les algébristes du monde chrétien jusqu'au début de la Renaissance, l'écriture $2x = -1$ n'avait pas de sens, le nombre (-1) n'existant pas.

Dès le VIIe siècle, les mathématiciens indiens, possédant la notion de nombre négatif, n'avaient cure de ce type de distinctions entre les différents types d'équations du second degré.

L'écriture utilisée plus haut est une actualisation ; les mathématiciens arabes utilisaient une écriture littérale et non symbolique. L'écriture symbolique, en algèbre, n'a pris son essor qu'au XVIe siècle, principalement avec François Viète (cf. Annexe de la chronique 26).

ON PEUT LIRE :

Wittgenstein, *Tractatus logico-philosophicus*, Gallimard, 1993.

A. Dahan et J. Peiffer, *Une histoire des mathématiques*, Éd. du Seuil, coll. « Points Sciences », 1986.

Annexe de la chronique 29

Aristote débute ainsi les *Premiers Analytiques* : « Il faut d'abord établir quel est le sujet de notre enquête et de quelle discipline elle relève : son sujet, c'est la démonstration, et c'est la science démonstrative dont elle dépend. » Un peu plus loin il écrit : « Le syllogisme doit être abordé avant la démonstration, en raison de son caractère général : la démonstration, en effet, est une sorte de syllogisme, mais tout syllogisme n'est pas une démonstration. »

Le syllogisme est un raisonnement déductif rigoureux mettant en jeu trois termes : le mineur, le majeur, le moyen. Sans s'appuyer sur une autre proposition que ces trois-ci, il permet de conclure au rapport entre mineur et majeur, du seul fait que chacun d'eux entretient un rapport avec le moyen.

La formulation mettant en scène Socrate n'est pas d'Aristote, elle a été proposée par les scolastiques au Moyen Âge. Classifications et dénominations (*Barbara*, *Darii*, etc.) des divers types de syllogismes ont été l'une des préoccupations majeures des logiciens du Moyen Âge.

Races et humanité

« Les juifs indubitablement sont une race, mais ils ne sont pas humains. » C'est écrit dans *Sein Kampf*. On s'explique mieux pourquoi, dans les années 30, des savants hitlériens se sont escrimés à vouloir établir SCIENTIFIQUEMENT, que les juifs étaient des sous-hommes. Logique nazie : des races humaines de non-humains !

ON PEUT LIRE :

Aristote, *Premiers et Seconds Analytiques*, Vrin, 1992.

Annexe de la chronique 30

> « *La preuve me montre un nouveau* contexte, *et de ce fait me donne également un nouveau* concept » (Wittgenstein).

Tout d'abord ceci : « Nous savons, et nous avons toujours beaucoup mieux su, ce qui n'est pas une preuve que ce qui est une preuve. Ce qui n'est pas une preuve peut être réfuté », écrit Georges Polya dans *La Découverte des mathématiques*.

Polya poursuit : « Une preuve apparaît comme un enchaînement d'arguments, comme une chaîne, peut-être longue, de conclusions partielles. La solidité de la chaîne est celle de son maillon le plus faible et il n'est pas de preuve valable, ni de raisonnement complet, si un maillon quelconque fait défaut. »

Qu'est-ce qu'une preuve ?

Pour André Lalande, dans le *Vocabulaire philosophique*, une preuve est « une opération amenant l'intelligence d'une manière indubitable et universellement convaincante (du moins en droit) à reconnaître la vérité d'une proposition considérée d'abord comme douteuse. La preuve est en général un raisonnement, mais non pas toujours : elle peut consister en une présentation d'un fait qui lève le doute ».

Conjecture

Une conjecture est une hypothèse émise, *a priori*, sur l'exactitude ou l'inexactitude d'un énoncé dont on ignore la démonstration. Lorsque que quelqu'un en émet une, on peut soupçonner qu'il n'a pas su démontrer la proposition qu'elle met en jeu ; sans cela, il la présenterait comme un « simple » théorème.

Une conjecture est comme le bon vin, sa valeur croît avec le temps. Quoique, pour les premiers, il faille savoir ne pas attendre trop longtemps. Plus le temps passe et plus le nombre de ceux qui se sont cassé le nez dessus croît, plus la conjecture s'ennoblit. Il reste, bien sûr, aujourd'hui, de belles vieilles conjectures encore inviolées.

Annexe de la chronique 31

« *Il disait qu'il n'y avait qu'une antistrophe entre f*emme folle à la messe *et f*emme molle à la fesse » (Rabelais, *Pantagruel*).

Le contrepet, qu'on nomme également « antistrophe », est une question de permutations ; l'anagramme, elle, ressortit des arrangements avec répétition : deux mots ayant les mêmes lettres dans un ordre différent. Depuis des décennies, dans sa rubrique « Sur l'album de la comtesse », *Le Canard enchaîné* s'en donne à cœur joie dans l'art du contrepet.

Sous le pseudonyme de « Lovis de Montalte », Pascal avait fait paraître *Les Provinciales*. Plus tard parurent les *Lettres de Amos Dettonville contenant quelques-unes de ses inventions de Géométrie*. Les lecteurs n'eurent pas de difficulté à en découvrir l'auteur : « Amos Dettonville » est l'anagramme de « Lovis de Montalte ».

L'analyse combinatoire

La combinatoire est une mathématique des ensembles finis pour lesquels elle s'attache aux problèmes de dénombrement d'énumération de configurations particulières. Pascal et Fermat sont les initiateurs de l'analyse combinatoire.

Une notation bien utile pour l'écriture des formules : le produit de n premiers nombres entiers se nomme *factorielle n*, notée « n ! » (avec un point d'exclamation).

$$n! = 1 \times 2 \times 3 \times \ldots \times n.$$

Ainsi :

$$3! = 1 \times 2 \times 3 = 6,$$
$$4! = 1 \times 2 \times 3 \times 4 = 4 \times 3! = 24.$$

Combien y a-t-il de façons de choisir p éléments dans un ensemble de n éléments, $0 \leq p \leq n$? C'est, en mathématiques, ce que l'on appelle le nombre de *combinaisons* de n objets pris p à p, noté C_n^p. Deux combinaisons diffèrent par la nature des objets qu'elles comportent, par l'ordre dans lequel ceux-ci ont été choisis.

$$C_n^p = n!/p!\,(n-p)!$$

Combien y a-t-il de façons de ranger p éléments parmi n éléments ? C'est, en mathématiques, ce que l'on appelle le nombre d'*arrangements* de n objets pris p à p, noté A_n^p. Comme il s'agit de rangement, l'ordre dans lequel les éléments sont choisis compte.

$$A_n^p = n!/(n-p)! = n(n-1) \ldots (n-p+1).$$

Pour n et p donnés, il y a moins de combinaisons que d'*arrangements*, ce qui est logique puisque, avec une combinaison, on peut produire plusieurs arrangements.

Soit l'ensemble $\{a, b, c, d\}$, $n = 4$ et $p = 3$. $C_4^3 = 4$, les quatre combinaisons de 4 objets pris 3 à 3 sont (a, b, c), (a, c, d), (a, b, d), (b, c, d).

$A_4^3 = 24$. Par exemple, avec la combinaison (a, b, c), on peut faire les six arrangements suivants : (a, b, c), (a, c, b), (b, a, c), (b, c, a), (c, a, b), (c, b, a).

Il y a également les *permutations* de n éléments. C'est le nombre de façons de ranger n éléments donnés, que l'on peut considérer comme des arrangements de n objets n à n.

$$Pn = A_n^n = n!$$

Annexe de la chronique 32

Ensembles flous

Dans les années 60, le mathématicien américain A.D. Zadeh introduit la notion d'ensemble flou. Dans cette théorie, le choix, pour un élément, ne sera plus binaire (appartenir, non appartenir), il se déclinera suivant une possibilité d'appartenance, son *degré* d'appartenance. Le degré quantifie la « possibilité » d'appartenance de l'élément à l'ensemble. Il varie de 1, appartenance certaine, à 0, appartenance impossible. Notons qu'il s'agit ici de *possibilité* et non de *probabilité*.

Ensemble de tous les ensembles

Pour l'impossibilité de l'existence de l'ensemble de tous les ensembles, voir l'annexe de la chronique 3.

Annexe de la chronique 33

> « *Et les choses qui s'ajustent les unes sur les autres sont égales entre elles* » (Euclide, *Les Éléments*).

De la relativité de la coïncidence

« Einstein a admis que, dans certaines conditions, et pourvu qu'il n'y eût point de lien causal entre les deux événements, ceux-ci pouvaient être simultanés pour un observateur et successifs pour un autre, sans qu'il y eût lieu d'admettre qu'il existât entre eux un ordre temporel unique et objectif. »

Simultané

Le principe de non-contradiction affirme qu'un « même prédicat ne peut simultanément et sous le même point de vue appartenir et ne pas appartenir au même sujet ». Dit autrement : une proposition ne peut être simultanément vraie et fausse.

La coïncidence de lieu

La coïncidence de lieu par superposition nécessite le mouvement. On pose comme principe fondamental : tout corps, toute figure, n'est pas atteint par le mouvement. Il reste invariable quand on le déplace. Déplacer, c'est effectuer une translation ou une rotation ou un composé des deux. Sans mouvement, pas de coïncidence de lieu.

Encore des histoires de voisinages

« Concours de circonstances malheureuses entre cette interdiction et la proximité de la préfecture, qui ne se trouve qu'à 200 mètres du cimetière » (Marchiani, préfet chrétien du Var, 83).

Annexe de la chronique 34

« *L'analogie est le plus beau des liens* » (Platon, *Timée*, 31 c).

Pour Platon, l'analogie exprime une proportionnalité. Dans l'analogie $a/b = c/d$, a et c sont les antécédents, b et d les conséquents.

Rapport

Le grand intérêt de la conception d'Eudoxe est que sa théorie s'applique autant aux grandeurs incommensurables qu'à celles qui sont commensurables ; elle concerne les grandeurs de toute nature, que ce soient des nombres, des lignes, des surfaces, des volumes et même le temps.

Pour Euclide, « un rapport est la relation telle ou telle, selon la taille [la quantité] qu'il y a entre deux grandeurs du même genre ».

Dire que deux grandeurs sont en rapport, c'est affirmer qu'avec l'une on peut toujours faire plus que l'autre. À savoir : il y a toujours un multiple de l'une qui est supérieur à l'autre. Ce qui revient à dire qu'on peut encadrer l'une par des multiples de l'autre.

Des grandeurs qui ont le même rapport sont dites *en proportion*. Il y a identité du rapport qui unit deux à deux les termes de plusieurs couples. Une proportion est la donnée de quatre grandeurs telles que $a/b = c/d$. On la note, dans l'ordre : (a, b, c, d).

Avec la proportion (a, b, c, d), on peut en fabriquer trois autres :

$$(d, b, c, a), \quad (a, c, b, d) \quad \text{et} \quad (d, c, b, a).$$

La recherche de la *quatrième proportionnelle* est la recherche d'un des termes de la proportion lorsque l'on a les trois autres.

La moyenne géométrique, c'est l'*analogie*. Quand le rapport de trois termes a, b, c est tel que le premier est au deuxième ce que le deuxième est au troisième :

$$a/b = b/c, \qquad c^2 = ab.$$

« Deux éléments ne peuvent seuls former une composition qui soit belle, sans l'intervention d'une troisième ; il faut en effet, entre les deux, un lien qui les réunisse. Or, de tous les liens, le plus beau, c'est celui qui impose à lui-même et aux éléments qu'il relie, l'unité la plus complète. Ce que, par nature, la proportion réalise de la façon la plus parfaite.

Chaque fois que, de trois nombres quelconques — que ces nombres soient entiers ou en puissance —, celui du milieu est tel que ce que le premier est par rapport à lui, lui-même l'est par rapport au dernier ; et inversement » (Platon).

On peut lire :

Euclide, *Les Éléments*, PUF, vol. 2, 1994.

Annexe de la chronique 35

Les inégalités

On ne change pas le sens d'une inégalité en ajoutant ou en retranchant un même nombre aux deux membres. Pour tout c :

$$a < b \Rightarrow [a + c < b + c], \qquad a < b \Rightarrow [a - c < b - c].$$

On ne change pas le sens d'une inégalité en multipliant ou en divisant les deux membres par un nombre strictement positif. Pour tout $c > 0$:

$$a < b \Rightarrow [a \times c < b \times c], \qquad a < b \Rightarrow [a / c < b / c].$$

On inverse le sens d'une inégalité en multipliant ou en divisant les deux membres par un nombre strictement négatif. Pour tout $c < 0$:

$$a < b \Rightarrow [a \times c > b \times c], \qquad a < b \Rightarrow [a / c > b / c].$$

$$\text{Et si } a < b \text{ et } c < d \Rightarrow [a + c < b + d].$$

Dialogue entre Socrate et Calliclès, dans « Gorgias » de Platon

Calliclès : « Ce qui plaît aux faibles, c'est d'avoir l'air d'être égaux [aux hommes plus forts qu'eux], alors qu'ils leur sont inférieurs.... Selon moi, la justice consiste en ce que le meilleur ait plus que le moins bon, et le plus fort plus que le moins fort... Si le plus fort domine le moins fort et qu'il est supérieur à lui, c'est là le signe que c'est juste » (Platon, *Gorgias*, 483 c-d).

Socrate : « Mais quand tu dis que l'un est supérieur et l'autre meilleur, parles-tu du même homme... ? Être supérieur, être plus fort, être meilleur, est-ce la même chose ? Ou sinon, dis-tu qu'on est meilleur, même si on est inférieur ou plus faible ? et supérieur, si on est plus mauvais ? » (*Gorgias*, 488 a-d).

ON PEUT LIRE :

Platon, *Gorgias*, GF Flammarion, 1993.

Annexe de la chronique 36

> *« Les démonstrations mathématiques sont l'art d'associer à un minimum de formules aveugles un maximum d'idées qui voient »* (R. Minkowski).

« Si… alors », lien logique qui existe entre deux propositions quelle que soit leur valeur de vérité. La représentation de l'implication par le signe « $\Rightarrow$ » a été introduite par le mathématicien collectif Bourbaki.

À la base du raisonnement, je veux dire de notre type de raisonnement, il y a le *modus ponens* qui est la règle d'inférence fondamentale : Si une assertion A est vraie et s'il est vrai que A implique une autre assertion B, alors B est vraie :

$$[A \text{ et } (A \Rightarrow B)] \Rightarrow B.$$

Il ne suffit pas de démontrer qu'une première assertion en implique une seconde pour affirmer que la seconde est vraie. Encore faut-il que la première le soit.

Il y a une autre règle qui fonde notre type de raisonnement, le *modus tollens* : Si A implique B est vraie et si (non-B) est vraie, alors (non-A) est vraie :

$$[(\text{non-}B) \text{ et } (A \Rightarrow B)] \Rightarrow (\text{non-}A).$$

Condition nécessaire et suffisante

Si $A \Rightarrow B$ est vraie, B est une *condition suffisante* de A, qui est une *condition nécessaire* de B.

Si $A \Rightarrow B$ est vraie et si $B \Rightarrow A$ est vraie, on dit que B est une *condition nécessaire et suffisante* pour que A soit vraie. Et réciproquement. A et B sont alors dits équivalentes, et l'on écrit : $A \Leftrightarrow B$.

Deux propositions équivalentes ont les mêmes valeurs de vérité, elles sont toutes les deux vraies ou fausses à la fois. Dans l'univers de la logique, l'équivalence joue un rôle semblable à celui de l'égalité en algèbre. Ainsi, dans toute expression, on peut remplacer A par B sans changer la valeur logique de l'expression, le mathématicien disposant alors de deux façons différentes d'exprimer une certaine situation, c'est-à-dire de deux façons de voir la même situation.

Annexe de la chronique 38

Après le passage du territoire à la carte, il y a celui qui fait passer de la carte au diagramme. Par une opération de réduction, toute la rive gauche sera concentrée et réduite en un point. Cette opération est justifiée par un argument topologique : tous les points de la même rive sont joignables par un chemin continu (sans qu'il y ait besoin de passer par un pont). Ce « regard » topologique veut oublier la dimension géométrique pour ne considérer que le caractère continu des trajets. On obtient ainsi un ensemble de quatre points, reliés par sept lignes :

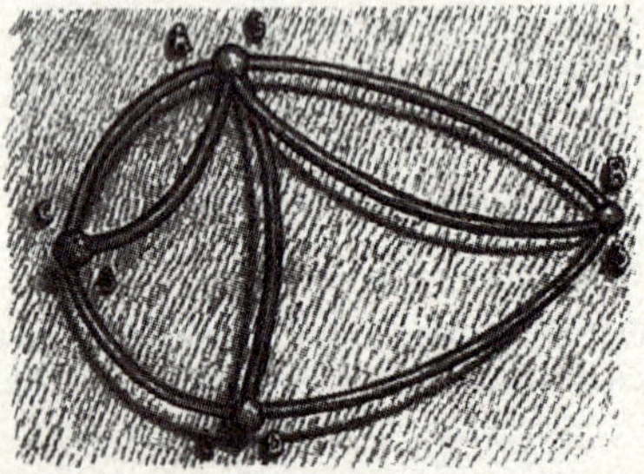

Le problème dans sa généralité peut se formuler ainsi : Soit une figure composée de lignes joignant des points. Est-il possible de tracer cette figure d'un seul coup, sans lever la plume ni passer plusieurs fois au même endroit ?

On pondère chaque point en le couplant avec le nombre de chemins y conduisant. Ici, on a 3 chemins arrivant à D, 3 à C, 3 à B et 5 à A. Donc quatre couples (A, 5), (B, 3), (C, 3) (D, 3).

Leonhard Euler (1707-1783) a montré que l'on pouvait répondre à la question en utilisant des considérations de parité : si l'on qualifie de « pair » un point qui est extrémité d'un nombre pair de chemins, et d'« impairs » les autres, son résultat est le suivant :

• Le problème a au moins une solution si et seulement si le nombre de sommets impairs est égal à 0 ou à 2.

• Si ce nombre est égal à 0, on peut partir de n'importe quel point, et il existe un chemin qui nous ramène à ce point.

• Si ce nombre est égal à 2, il est nécessaire de partir de l'un des sommets impairs et l'on arrivera à l'autre.

Ce théorème a l'air un peu magique, mais ces valeurs (0 et 2) n'ont finalement rien de bien mystérieux : le résultat d'Euler repose sur des propriétés topologiques élémentaires, déjà perçues par les enfants : un segment possède deux bouts (comme Raymond Devos l'a remarqué sur les bouts de bois), alors qu'un cercle n'en n'a pas.

Bref, quand on se promène, ou on va d'un point à un autre (2 sommets impairs), ou on fait un tour et on rentre chez soi (pas de sommets impairs).

Le mérite d'Euler est d'avoir vu que cette considération « familière » pouvait devenir un outil mathématique. Il jetait les prémisses de la topologie et de la théorie des graphes.

Dans le cas des ponts de Königsberg, le nombre de sommets impairs est égal à 4. Il n'y a donc pas de solution.

Qui n'a pas tenté de tracer un carré avec ses deux diagonales sans passer par le même trait et sans lever son crayon ? Et qui y a réussi ?

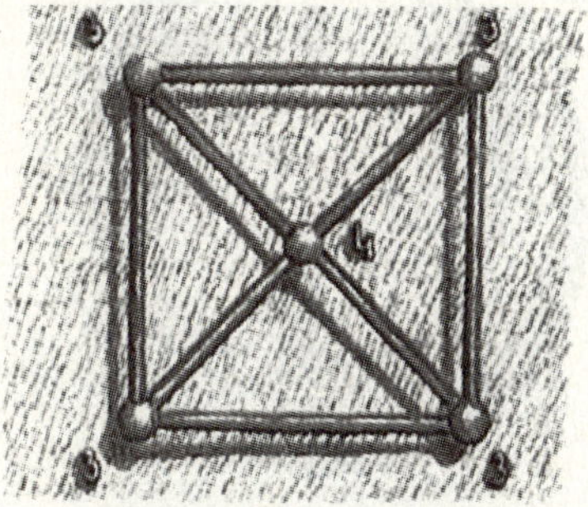

Par contre, si à la figure précédente on ajoute deux « chapeaux »…

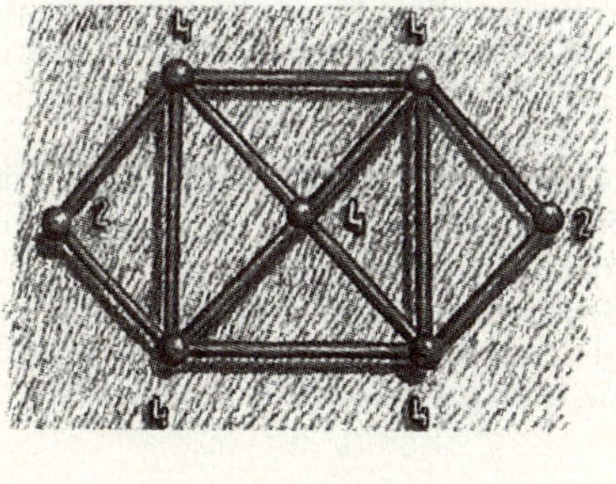

Annexe de la chronique 39

> « *Un enfant autiste joue tout seul, sauf qu'il n'est pas seul. Il n'est pas seul et il ne joue pas, d'ailleurs...* » (Fernand Deligny).

Les diviseurs de zéro

Partant des entiers usuels, on peut construire de nouveaux « entiers », dits *entiers modulo n*. Arrêtons-nous à l'ensemble des entiers modulo 4, noté Z / 4Z. Il y a quatre entiers modulo 4. Notons-les : 0, 1, 2, 3. Pour s'en faire une idée, on peut les représenter disposés sur un cercle :

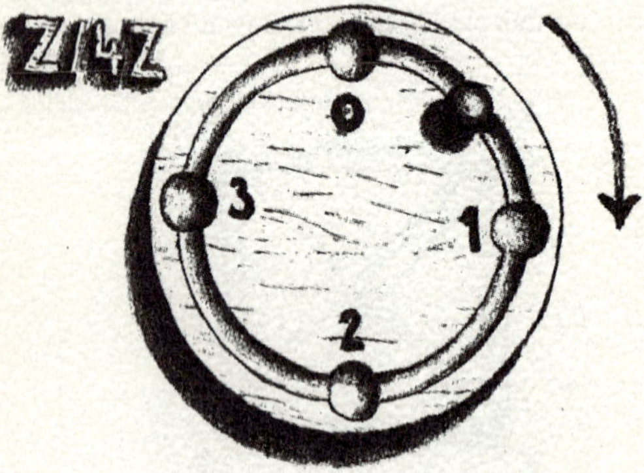

Les ensembles de nombres naturels, rationnels, réels ou imaginaires sont infinis, les ensembles d'entiers modulo *n* sont finis. L'intérêt de ces derniers est qu'ils offrent des exemples d'ensembles finis sur lesquels on peut calculer. Dans ce but, on définit les opérations classiques de l'algèbre, addition, multiplication, etc.

Ajouter 3, par exemple, revient à opérer trois quarts de tour dans le sens de la flèche (dit sens des aiguilles d'une montre). Ainsi, 3 + 3 = 2 (voir la table l'addition ci-après).

De même, on peut vérifier sur la table de multiplication qui en découle que 2 × 2 = 0. 2 est donc un *diviseur de 0*. Et l'ensemble Z/4Z, muni de ces deux opérations, n'est pas un domaine d'intégrité.

On peut, par contre, se rendre compte que, dans Z/5Z, il n'y a pas de diviseurs de zéro. Plus généralement, si *n* est un nombre premier, Z/*n*Z est un domaine d'intégrité.

ON PEUT LIRE :

Fernand Deligny, *Les Vagabonds efficaces*, La Découverte, 1975. — *Le croire et le craindre*, Stock, 1978. — *Nous et l'innocent*, Maspero, 1975.

Annexe de la chronique 41

Ensemble connexe

Un ensemble est connexe s'il est d'un seul tenant. Dit mathématiquement, en topologie : s'il n'existe pas de partition de E en deux ouverts non vides disjoints. Dit autrement : « Si tu as les deux bouts, tu as tout ce qui est entre. »

Les polyèdres

Les polyèdres sont des figures de l'espace formées par l'intersection de plans. Un polyèdre possède un certain nombre S de sommets qui sont des points, un certain nombre A d'arêtes qui sont des lignes droites, un certain nombre F de faces qui sont des surfaces planes. Le nombre d'arêtes est l'*ordre* du polyèdre.

Polygones, polyèdres convexes

On peut définir la convexité d'une figure de plusieurs façons équivalentes. Un polyèdre est convexe si tout segment joignant deux points quelconques du polyèdre reste intérieur à la figure. Ou bien s'il est situé du même côté de chacune de ses faces prolongées indéfiniment.

Pour les polygones, la convexité se définit par :

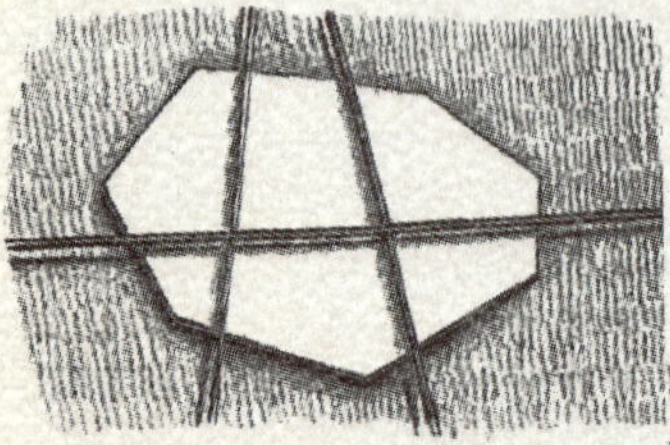

ou bien

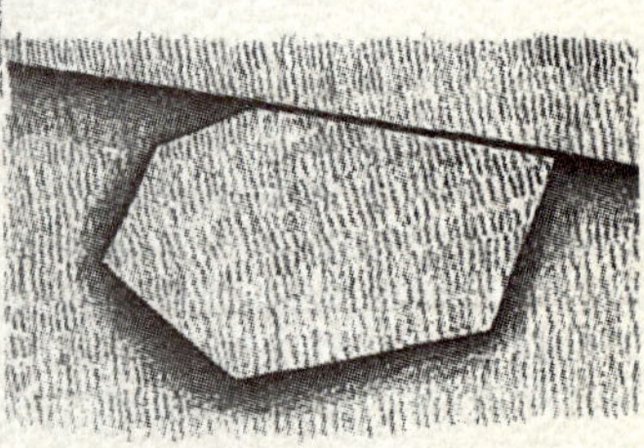

Conditions d'existence des polyèdres

Avec n'importe quel triplet de nombres S, A, F, peut-on construire un polyèdre ? La réponse est non. Ces trois nombres doivent entretenir une relation. En 1750, le mathématicien Leonhard Euler énonce une condition nécessaire pour l'existence de polyèdres sans trous (qui n'ont pas une forme de chambre à air mais de ballons anguleux) : le nombre de sommets plus le nombre de faces doit surpasser de 2 unités le nombre d'arêtes :

$$S + F - A = 2.$$

Les flexaèdres : polyèdres flexibles à faces rigides

Tout d'abord, on peut vérifier que la relation d'Euler tient pour les flexaèdres. Celui de Connely a 24 sommets, 66 arêtes, 44 faces :

$$24 + 44 - 66 = 2\,;$$

Quant à Steffen, il a découvert un polyèdre à 9 sommets, 21 arêtes, 14 faces :

$$9 + 14 - 21 = 2.$$

On a par ailleurs démontré que les flexaèdres à 6 et 7 sommets sont impossibles. Restent donc les polyèdres à 8 sommets : sont-ils tous rigides ou non ?

ON PEUT LIRE :

Platon, *Timée*, GF Flammarion, 1992.
Imre Lakatos, *Preuves et réfutation*, Hermann, 1984.
Encyclopédie Théma, Larousse.

Annexe de la chronique 43

Élévation à la puissance

$a^2 = a \times a$. En généralisant l'élévation au carré, on définit la puissance $n$ième (n entier, $n > 0$) d'un nombre a différent de 0 :

$$a^n = a \times a \times \ldots \times a, n \text{ fois, et } a = a^1.$$

La loi fondamentale du calcul sur les puissances est :

$$a^n \times a^m = a^{n+m}.$$

Avec cette définition, à quoi peut bien être égal a^0 ? a fois a, zéro fois !

Si l'on veut que la loi fondamentale s'applique également à l'exposant 0, on doit poser $a^0 = 1$. En effet,

$$a^n = a^{n+0} = a^n \times a^0.$$

C'est-à-dire

$$a^n = a^n \times a^0.$$

Donc $a^0 = 1$.

Polyèdres réguliers

Un polygone est régulier si ses côtés sont égaux et si ses angles le sont également. Il est inscriptible dans un cercle.

Les cinq solides de Platon

Un polyèdre est désigné par trois nombres : dans l'ordre, le nombre de sommets, d'arêtes, de faces.

Le tétraèdre 4, 6, 4. Ses quatre faces sont des triangles équilatéraux.

Le cube 8, 12, 6. Ses six faces sont des carrés.

L'octaèdre 6, 12, 8. Ses huit faces sont des triangles équilatéraux.

Le dodécaèdre 20, 30, 12. Ses douze faces sont des pentagones réguliers.

L'icosaèdre 12, 30, 20. Ses vingt faces sont des triangles équilatéraux.

Le Livre XIII des *Éléments* d'Euclide leur est consacré.

Table

UN PETIT PLUS

Réalisation : Atelier graphique des Éd. de Septembre, Paris
Impression : Maury-Eurolivres S.A. 45300 Manchecourt
Dépôt légal : Mai 1997. N° 30423 (00/06/80606)